普通高等教育"十四五"系列教材

基础力学实验指导

（第2版）

主　编　李晓丽

副主编　刘国华　贺　云

中国水利水电出版社

www.waterpub.com.cn

·北京·

内 容 提 要

《基础力学实验指导》是参照教育部高等学校力学指导委员会非力学类专业基础课程教学指导分委员会提出的基础力学课程教学基本要求进行编写的，主要内容包括基础力学实验基本原理、方法和实验仪器设备，材料的拉伸与压缩实验、拉伸时材料弹性常数的测定、扭转实验以及利用多功能实验台开展的等强度梁实验、纯弯曲梁实验、弯扭组合梁实验、连续梁实验等实验的基础知识。

本指导书既可以作为农业水利工程、水利水电工程、土木工程、给水排水工程、环境工程、森林工程、机械工程、交通运输工程等专业本科生、专科生的材料力学、工程力学实验课的教材，也可供研究生和有关工程技术人员参考。

图书在版编目（CIP）数据

基础力学实验指导 / 李晓丽主编. -- 2 版.
北京 ： 中国水利水电出版社，2024. 9. --（普通高等教育"十四五"系列教材）. -- ISBN 978-7-5226-2605-5

Ⅰ. O3-33

中国国家版本馆CIP数据核字第202464WB87号

书　　名	普通高等教育"十四五"系列教材 **基础力学实验指导（第 2 版）** JICHU LIXUE SHIYAN ZHIDAO	
作　　者	主编 李晓丽　副主编 刘国华　贺 云	
出版发行	中国水利水电出版社 （北京市海淀区玉渊潭南路 1 号 D 座　100038） 网址：www.waterpub.com.cn E-mail：sales@mwr.gov.cn 电话：（010）68545888（营销中心）	
经　　售	北京科水图书销售有限公司 电话：（010）68545874、63202643 全国各地新华书店和相关出版物销售网点	
排　　版	中国水利水电出版社微机排版中心	
印　　刷	天津嘉恒印务有限公司	
规　　格	184mm×260mm　16 开本　6.75 印张　136 千字	
版　　次	2018 年 9 月第 1 版第 1 次印刷 2024 年 9 月第 2 版　2024 年 9 月第 1 次印刷	
印　　数	0001—2000 册	
定　　价	**25.00 元**	

凡购买我社图书，如有缺页、倒页、脱页的，本社营销中心负责调换

第 2 版 前 言

　　基础力学实验是基础力学教学中的重要组成部分，是工科学生必须掌握的重要实践课程，可以帮助学生深入理解基础力学的基本概念、原理和公式，掌握实验方法和技能，提高解决实际问题的能力。本指导书涵盖了基础力学实验的基本知识、实验设备和仪器的使用方法、实验原理、实验步骤以及数据处理方法等。书中通过图文并茂的方式，详细介绍了基础力学实验的实验原理和操作步骤，力求使读者能够轻松掌握实验技能，提高实验效果。

　　本书是在高等院校"十三五"精品规划教材《基础力学实验指导》（李晓丽任主编，刘国华、贺云任副主编，中国水利水电出版社 2018 年 9 月出版）基础上修订的。由于实验仪器设备更新，我们对部分试验仪器的使用方法进行了修订，并对原有指导书在使用过程中发现的问题进行修订。本书由李晓丽教授主编，刘国华、贺云副主编，其中第 1、4 章及实验报告一与实验报告四由李晓丽编写，第 2、3 章及实验报告二与实验报告三由刘国华编写，第 5～8 章及实验报告五～八由贺云编写。全书由申向东教授主审。

　　本指导书在编写过程中参考了多本兄弟院校的材料力学实验教材及实验设备厂家提供的部分仪器设备资料，在此表示诚挚的谢意。由于编者水平有限，虽力求科学严谨但也难免存在不足。我们诚挚希望能够得到广大读者和同行的批评指正，以便我们不断完善和提高本书的质量。

　　最后，感谢所有参与本书编写和审稿的人员，同时，也感谢所有使用本书的读者，希望本书能够对你们的学习和工作有所帮助。书中有不足之处，恳请广大读者提出宝贵意见与建议。

编者
2024 年 5 月

第 1 版 前 言

　　基础力学实验是材料力学、工程力学教学中的重要组成部分，是工科学生必须掌握的重要实践课程。基础力学实验对提高学生发现问题、分析问题和解决问题能力的培养具有重要作用，能够有效提高学生素质，培养学生创新能力，增强学生实践能力。本书是参照教育部高等学校力学指导委员会非力学类专业基础课程教学指导分委员会提出的材料力学课程、工程力学课程教学的基本要求编写的，适合作为农业水利工程、水利水电工程、土木工程、给水排水工程、环境工程、森林工程、机械工程、交通运输工程等专业本科生、专科生的材料力学、工程力学实验课的教材，也可供研究生和有关工程技术人员参考。

　　本书由李晓丽教授任主编，刘国华、贺云任副主编，其中第 1、4 章及实验报告一与实验报告四由李晓丽编写，第 2、3 章及实验报告二与实验报告三由刘国华编写，第 5～8 章及实验报告五至实验报告八由贺云编写。全书由申向东教授主审。

　　本书在编写过程中参考了兄弟院校的材料力学实验教材及实验设备厂家提供的部分仪器设备资料，在此表示诚挚的谢意。由于编者水平有限，书中难免有不足之处，恳请广大读者提出宝贵意见与建议。

编者
2018 年 8 月

目　　录

第1章

实验基础知识

1.1 实验内容及分析方法

基础力学实验是材料力学、工程力学教学中的一个重要环节，是工科学生必须掌握的重要实践课程。实验是进行科学研究的重要方法，科学史上许多重大发明就是依赖科学实验而得到的，许多新理论的建立也是靠实验来验证的。例如，材料力学、工程力学中许多理论的形成就是首先对研究对象进行一系列的实验，然后根据实验中的有关现象，将真实材料理想化、实验构件典型化、公式推导假设化，经过简化处理后，从而得出相应的结论和定律。至于这些结论和定律是否正确，以及能否在工程中予以应用，仍然需要通过实验验证才能断定。在解决工程设计中的强度、刚度和稳定性等问题时，首先要知道材料的力学性能和表达力学性能的材料常数，这些常数只有靠实验才能测定。有时工程中构件的几何形状和载荷都十分复杂，构件中的应力单纯靠计算难以得到正确的数据，在这种情况下，就必须借助于实验分析的手段才能解决。让学生通过实验的手段提高发现问题、分析问题和解决问题的能力，提高学生的实验技能和工作实践能力，为后续相关专业课程的学习与工程应用奠定不可或缺的基础。

在力学理论建立的过程中，要求研究材料的本构关系，并确定有关的材料参数。此外还需要确定材料的其他力学性能参数。精确地测量上述力学量，是对构件进行准确可靠的力学分析和计算，最后正确作出力学预测和判断的前提。

基础力学不是纯粹由严谨的逻辑推理建立起来的理论学科。在材料力学、工程力学的研究中，引进了许多假设与简化。如关于材料的连续性、均匀性及各向同性的假设；关于构件的小变形条件，实际上材料弹性范围的线性关系也不是严格的，尤其是引入了平面假设等来简化变形几何关系。虽然这些假设简化了一些力学的理论，但是由这些假设推导出的材料的力学理论的有效性、精确程度、应用范围如何呢？最简单易行的办法就是通过实验进行验证。这样的验证，对于材料力学、工程力学这些实践性较强的学科，从思维逻辑和理论的完整性来说，是不可缺少的。

实验研究也是基础力学研究、解决实际问题极为重要的方法和手段。对于很多重要的工程构件或结构，由于数学方法上的困难，仅靠理论分析，难以求得理论解析解；实验研究正是求解这些较为复杂问题的有效而又可靠的方法。对于重要的实际问题，实验测试研究是不可缺少的，它可以与理论解、数值解相互佐证。将材料的力学实验与现代计算机相结合，还可以发展新理论、设计新型结构，为研制新材料提供充分、可靠的依据，有效地解决许多理论上尚不能解决的工程难题。

基础力学实验指导就是通过实验来加强学生对材料的力学基本理论、基本概念和研究方法的理解与掌握，实验内容包括以下几个方面。

1.1.1 测定材料机械性能的实验

根据力学公式能够计算在荷载作用下构件应力的大小。为了建立其相应的强度条件必须了解其材料的强度、刚度、弹性等特性，这就需要通过拉伸、压缩等实验测定材料的屈服极限、强度极限、延伸率、弹性常数，如弹性模量 E 和泊松比 μ 等反映材料机械性能的参数，这些参数是设计构件的基本依据。但是同一种材料用不同的实验方法，测得的数据可能会有明显差异。因此，为了正确地取得这些数据，实验时就必须依据国家规范，按照标准化的程序来进行。

1.1.2 验证理论的实验

反映材料力学性能的一些公式都是在对实际问题进行简化和假设的基础上（如平面假设、材料均匀性假设、弹性和各向同性假设等）推导而得的。事实上，材料的性质往往与完全均匀和完全弹性是有差异的，因此必须通过实验对根据假设推导出的公式加以验证，才能确定公式的使用范围。将一般问题抽象为理想的模型，再根据科学的假设，推导出一般性公式，这是研究材料力学通常采用的方法。这些简化和假设是否正确，理论公式在设计中的应用程度，都需要通过实验来验证。此外，对于一些近似解答，其精确度也必须通过实验校核后才能在工程设计中使用。本书中介绍的弯曲正应力实验和主应力测定就是这类实验。

1.1.3 实验应力分析

工程中有许多实际构件，其形状和受载情况是十分复杂的，其内部的应力大小及分布情况单纯依靠材料力学的理论计算是难以解决的。近年来，虽然可以用有限元法来计算，但也要经过适当简化才有计算的可能；而且，对于用有限元法计算结果的精确性，也要通过实验的方法来加以验证。实验应力分析就是一种用实验方法来测定构件中的应力和应变的手段，它是目前解决工程实际问题的一个新兴、有效的途径。实验应力分析方法（如电测法、光测法、脆性涂层法、云纹法、X 光衍射法等）所获得的结果，不仅直接而且可靠，已成为工程实际中寻求最佳设计方案、合理使用材料、挖掘现有设备潜力以及验证和发展理论的有力工具。

1.2 实验室管理

力学实验所用仪器设备多数属于大型仪器，为了保持良好的教学秩序，达到预期的教学目的，保护国家财产，避免实验事故发生，使学生养成科学严谨的工作作风，参加实验的学生必须遵守下述规则：

（1）进入实验室之前要参加安全教育和培训，做到对机器和自身的安全负责。必须遵守学校及实验室的各项规章制度，做好安全防护。在实验室发生事故时要立即处置，及时上报。

（2）实验课前必须认真预习。实验前必须着重阅读机器的操作规程和注意事项，初步了解掌握所用仪器和设备，清楚实验的目的和内容以及通过实验要测取哪些数据，实验时严格遵照规程进行操作并正确读取数据。

（3）准时进入实验室，按照要求认真进行实验。未经指导教师同意，不得擅自动用与该次教学无关的设备。实验结果经指导教师审阅，签名后可以结束实验。实验结束时关闭电源，整理、清点实验物品，经指导教师同意方可离开实验室。

（4）课后按时完成、上交实验报告。

1.3 实验报告的书写

实验报告是实验者最后交出的成果，是实验资料的总结。实验报告应包括如下内容：

（1）实验名称、实验日期、实验者姓名。

（2）实验目的。

（3）实验中使用的机器和仪表的名称、型号、精度（或放大倍数等）。

（4）实验数据及其处理（方法参照 1.4 节内容）。

（5）计算（方法参照 1.4 节内容）。

（6）实验结果的表示（方法参照 1.5 节内容）。

（7）在实验报告的最后部分，应当对实验结果进行分析，说明其主要结果是否正确，对误差加以分析，并回答指定的思考题。

1.4 实验数据分析方法

掌握在力学实验中所测得的原始数据并不是最终目的，还需要对所测数据进行统计归纳、分析整理，找出其内在的本质联系，才是实验的目的所在。本节简单介绍力学实验数据统计分析的基本方法。

1.4.1 测量与误差

测量是从客观事物中获取有关信息的认识过程，其目的是在一定条件下获得被测量的真值，任何实际物理量的测量都或大或小存在测量误差。尽管被测量的真值客观存在，但由于实验时所进行的测量工作都是依据一定的理论与方法，使用一定的仪器与工具，并在一定条件下由一定的人进行的，而实验理论的近似性、仪器设备灵敏度与分辨能力的局限性以及实验环境的不稳定性等因素的影响，使得被测量的真值很难求得，测量结果和被测量真值之间总会存在或多或少的偏差，由此而产生误差也就必然存在，这种偏差叫作测量值的误差。设测量值为 x，真值为 A，则误差 ε 为

$$\varepsilon = x - A \tag{1.1}$$

测量所得到的一切数据都含有一定量的误差，没有误差的测量结果是不存在的。真值及其取值范围在测量前是未知的。对测量原始数据进行统计分析时，常以测量数据的代数平均值作为近似的真值。容易理解 ε 值恰好表示测量值与真值邻域尺度大小，ε 值越小，对真值的判断就越接近实际。

既然误差一定存在，那么测量的任务即是设法将测量值中的误差减至最小，或在特定的条件下，求出被测量的最近真值，并估计最近真值的可靠度。按照对测量值影响性质的不同，误差可分为系统误差、偶然误差和过失误差，此三类误差在实验时测得的数据中常混杂在一起出现。

1. 系统误差

在指定测量条件下，多次测量同一量时，若测量误差的绝对值和符号总是保持恒定，测量结果始终朝一个方向偏离或者按某一确定的规律变化，这种测量误差称为系统误差或恒定误差，这种误差的产生通常有其固有的原因。系统误差的产生主要与以下因素有关：

（1）仪器设备系统本身的问题，如仪器状态和调试没有达到要求的精度、转换参数选择不准。

（2）使用仪器时的环境因素，如实验过程中温度、湿度、气压的逐时变化等。

（3）测量方法的影响与限制，如实验时对测量方法选择不当，相关作用因素在

测量结果表达式中没有得到反映，重要影响因素的漏估、错估，或者所用公式不够严密以及公式中系数的近似性等，从而产生方法误差。

（4）因测量者个人操作习惯而产生的误差，如有的人在测量读数时眼睛位置总是偏高或偏低、记录某一信号的时间总是滞后等。

由于系统误差是恒差，因此，采用增加测量次数的方法不能消除系统误差。通常可采用多种不同的实验技术或不同的实验方法，以判定有无系统误差的存在。在确定系统误差的性质之后，如果时间和条件允许，最好在消除系统误差的来源后重新测量，从而提高测量的准确度。

2. 偶然误差

偶然误差也叫随机误差，是指在同一条件下反复多次测量同一量时，测得值总是有稍许差异并变化不定，且在消除系统误差之后依然如此，这种绝对值和符号经常变化的误差称为偶然误差。偶然误差产生的原因较为复杂，影响的因素很多，难以确定某个因素产生具体影响的程度，因此偶然误差难以找出确切原因并加以排除。实验表明，大量次数测量所得到的一系列数据的偶然误差都遵从一定的统计规律：

（1）绝对值相等的正、负误差出现机会相同，绝对值小的误差比绝对值大的误差出现的机会多。

（2）误差不会超出一定的范围，偶然误差的算术平均值随着测量次数的无限增加而趋向于 0。

大量实验表明，要较好地减少偶然误差，就需要在相同的测量条件下，对同一量进行多次测量，用算术平均值作为测量的结果。

设某量的 n 次测量值为 x_1，x_2，x_3，$\cdots$，x_n，其误差依次为 ε_1，ε_2，ε_3，$\cdots$，ε_n，真值为 A，则

$$(x_1-A)+(x_2-A)+(x_3-A)+\cdots+(x_n-A)=\varepsilon_1+\varepsilon_2+\varepsilon_3+\cdots+\varepsilon_n$$

将上式展开整理得

$$\frac{1}{n}[(x_1+x_2+x_3+\cdots+x_n)-nA]=\frac{1}{n}(\varepsilon_1+\varepsilon_2+\varepsilon_3+\cdots+\varepsilon_n) \qquad (1.2)$$

式（1.2）表示平均值的误差等于各测量值误差的平均。由于测量值的误差有正有负，相加后可抵消一部分，而且 n 越大，相抵消的机会越多。因此，在确定的测量条件下，减小测量偶然误差的办法是增加测量次数。在消除系统误差之后，算术平均值的误差随测量次数的增加而减少，平均值即趋于真值，因此，可取算术平均值作为直接测量的最近真值。

测量次数的增加对提高平均值的可靠性是有利的，但并不是测量次数越多越好。因为增加次数必定延长测量时间，这将给保持稳定的测量条件增加困难，同时

延长测量时间也会使观测者疲劳，这又可能引起较大的观测误差。另外增加测量次数只能对降低偶然误差有利，而与系统误差减小无关，所以实际测量次数不必过多，一般取 4～10 次即可。

3. 过失误差

凡是在测量时用客观条件不能解释为合理的那些突出的误差称为过失误差。过失误差是观测者在观测、记录和整理数据的过程中，由于缺乏经验、粗心大意、时久疲劳等原因引起的。初次进行实验的学生，在实验过程中常常会产生过失误差，学生应在教师的指导下不断总结经验，提高实验素质，努力避免过失误差的出现。

误差的产生原因不同，种类各异，其评定标准也有区别。为了评判测量结果的好坏，我们引入测量的精密度、准确度和精确度等概念。精密度、准确度和精确度都是评价测量结果好坏与否的，但各词含义不同，使用时应加以区别。测量的精密度高，是指测量数据比较集中，偶然误差较小，但系统误差的大小不明确。测量的准确度高，是指测量数据的平均值偏离真值较小，测量结果的系统误差较小，但数据分散的情况即偶然误差的大小不明确。测量的精确度高，是指测量数据比较集中在真值附近，即测量的系统误差和偶然误差都比较小，精确度是对测量的偶然误差与系统误差的综合评价。

1.4.2　有效数字

1. 有效数字的意义

由于实测原始数据和处理分析过程中得到的数据都具有一定的精度，因此在数据记录和数据处理过程中，应该选择合理的数据位数表示这些近似数，以便简明清晰地辨识各测试数据的精度，保证间接测量时最终测试结果的可靠性，这就涉及有效数字的应用。

实验测量中，所使用的机器、仪器和量具，其标尺刻度的最小分度值是随机器、仪器和量具的精度不同而不同的。在测量时，除了要直接从标尺上读出可靠的刻度值外，还应尽可能地读出最小分度线的下一位估计值（只需 1 位）。例如，用百分表测变形，百分表的最小刻度值是 0.01mm，其精度（仪表的最小刻度值代表了仪器的精度）即为 $1‰\text{ mm}$。但实际上，在最小刻度间还可以作读数估计，如可在百分表上读取 0.128mm，其中，最后一位数字“8”就是估读出来的。这种由测量得来的可靠数字和末位的估计数字所组成的数字，称为有效数字。由此可见，有效数字的位数取决于测量仪器的精度，不能随意增减。多写了位数，意味着夸大了仪器的精度；少写了位数，损失了测量所得的精度。所以，在填写实验数据时，一定要注意其有效数字的位数应与仪器本身的精度相适应。例如，用百分表测出的变形数据，其有效数字就应取 3 位，即 0.128mm 或 $128\times10^{-3}\text{mm}$。

再如实验测得试件的直径是 $d=10$mm 与 $d=10.0$mm 的意义不同，后者表示的测量精度更高。

2. 有效数字的处理

实验中测得的数据，它们的有效数字位数有可能各不相同，在运算时就需要合理地处理。这里仅介绍数据处理及简单运算中需要注意的最基本方法。

（1）几个数相加（或相除）时，其积（或商）的有效数字位数应与几个数中小数点后面位数最少的那个相同。例如，$4.33+31.7+2.652$ 应写为 38.7，而不应写为 38.682。

（2）几个数相乘（或相除）时，其积（或商）的有效数字位数应与几个数中小数点后位数最少的相同。例如，截面面积 $A=23.49\times52.1$ 的计算结果，不必写成 $A=1223.829$mm^2，而应写作 $A=1223.8$mm^2。

（3）常数以及无理数（如 π、$\sqrt{2}$ 等）参与运算，不影响结果的有效数字位数。

如无理数参与运算时，该无理数的位数需与有效数字最少的位数相同。例如，测得一试件的直径为 $d=10.02$mm，则该试件的横截面面积：
$$A=\pi\times10.02^2/4=3.142\times10.02^2/4=78.86(\text{mm}^2)$$

（4）在确定有效数字的位数时，如第一位数字 $\geqslant8$，则有效数字的位数可多算一位。例如，9.15 虽然只有 3 位，但可认为它是 4 位有效数字。

（5）求 4 个数或 4 个数以上的平均值时，结果的有效位数要增加 1 位。

（6）舍弃有效数字位数以后的数字，按四舍六入五单双法处理。其舍弃方法为：若应保留的最后位数的下一位数字小于 5 时，则应保留的最后位数的数字保持不变；当保留的最后位数的下一位数字大于 5 时，则在保留的最后位数的数字上增加 1；当保留的最后位数的下一位数字为 5，并且在 5 的后面没有数字或只有 0 时，如果留的最后位数的数字为奇数，则在此位数的数字上加 1，如果是偶数，则保持不变，如果 5 后面还有其他不为 0 的数字，则在最后保留位数的数字上增加 1。

例如，某一物理量 G 按相应的技术条件规定，所需位数只要 3 位。下面分左、右依次列出经过 5 次测试和计算得出的 G_i 和根据四舍六入五单双法的规定而整理的 G_i'：

$$G_1=28.447, G_1'=28.4$$
$$G_2=28.361, G_2'=28.4$$
$$G_3=28.35, \ G_3'=28.4$$
$$G_4=28.450, G_4'=28.4$$
$$G_5=28.354, G_5'=28.4$$

1.4.3 数据处理的基本方法

任何客观事物的运动和变化都与其周围事物发生联系和影响，反映到数学问题上即变量和变量之间的相互关系，回归分析就是一种研究变量与变量之间关系的数学处理方法。

在处理实际问题时，要找出事物之间的确切关系有时比较困难，造成这种情况的原因极其复杂，影响因素很多，其中包括尚未被发现的或者还不能控制的影响因素，而且测量过程存在测量误差，因此所有因素的综合作用就造成了变量之间关系的不确定性。回归分析时应用数学方法，对这些数据去粗取精、去伪存真，从而得到反映事物内部规律的数据方法。概括来说，回归分析主要解决以下几个方面的问题：

（1）确定几个特定的变量之间是否存在相关关系。如果存在，则找出它们之间的数学表达式。

（2）根据一个或几个变量的值，预测或控制另一个变量的取值，并绘出其精度。

（3）进行因素分析，找出主要影响因素和次要影响因素，以及这些因素之间的相关程度。

回归分析目前在实验的数据处理、寻找经验公式、因素分析等方面有着广泛的用途。材料力学研究线弹性小变形杆的力学问题，它的理论多数是线性的，各主要变量间的函数关系多为线性关系。下面讨论线性拟合常用的几种方法。

1. 最小二乘原理

假设 x 和 y 是具有某种相关关系的物理量，它们之间的关系可用下式表达：

$$y = f(x, c_1, c_2, \cdots, c_n) \tag{1.3}$$

式中：c_1，c_2，$\cdots$，c_n 为 n 个待定常数。

曲线的具体形状是未定的，为求得具体曲线，可同时测定 x 和 y 的数值。

设 x、y 关系的最佳形式为

$$\hat{y} = f(x, \hat{c}_1, \hat{c}_2, \cdots, \hat{c}_n) \tag{1.4}$$

式中：$\hat{c}_1$，$\hat{c}_2$，$\cdots$，$\hat{c}_n$ 为 c_1，c_2，$\cdots$，c_n 的最佳估计值。

如果不存在测量误差，各测值应在曲线方程式（1.3）上，由于存在测量误差，总有

$$e_i = y_i - \hat{y}_i, \ i = 1, 2, \cdots, m \tag{1.5}$$

通常称 e_i 为残差，它是误差的实测值。如果实测值中有较多的 y 值落在曲线方程式（1.4）上，则所得曲线就能较为满意地反映被测物理量之间的关系。

如果误差服从正态分布，则概率 $P(e_1, e_2, \cdots, e_n)$ 为

$$P(e_1, e_2, \cdots, e_n) = \frac{1}{\sigma\sqrt{2\pi}} \exp\left[-\sum_{i=1}^{m} \frac{(\hat{y}_i - y_i)^2}{2\sigma^2}\right] \tag{1.6}$$

当 $P(e_1, e_2, \cdots, e_n)$ 最大时，求得的曲线就应当是最佳形式。显然，此时下式应最小：

$$S = \sum_{i=1}^{m} (y_i - \hat{y}_i)^2 = \sum_{i=1}^{m} e_i^2 \qquad (1.7)$$

即残差平方和最小，这就是最小二乘法的由来，同时式（1.8）成立：

$$\frac{\partial S}{\partial \hat{c}_1} = 0, \quad \frac{\partial S}{\partial \hat{c}_2} = 0, \quad \cdots, \quad \frac{\partial S}{\partial \hat{c}_n} = 0 \qquad (1.8)$$

即要求求解如下联立方程组：

$$\left.\begin{array}{c}
\displaystyle\sum_{i=1}^{m} \left[y_1 - f(x_1, \hat{c}_1, \hat{c}_2, \cdots, \hat{c}_n) \right] \left(\dfrac{\partial f}{\partial \hat{c}_1} \right) = 0 \\[3mm]
\displaystyle\sum_{i=1}^{m} \left[y_2 - f(x_2, \hat{c}_1, \hat{c}_2, \cdots, \hat{c}_n) \right] \left(\dfrac{\partial f}{\partial \hat{c}_2} \right) = 0 \\[3mm]
\cdots \\[3mm]
\displaystyle\sum_{i=1}^{m} \left[y_m - f(x_m, \hat{c}_1, \hat{c}_2, \cdots, \hat{c}_n) \right] \left(\dfrac{\partial f}{\partial \hat{c}_n} \right) = 0
\end{array}\right\}$$

该方程组称为正规方程，解该方程组可得未定常数，通常称为最小二乘解。

2. 直线回归分析

直线回归相关关系可表示为

$$\hat{y} = a + bx \qquad (1.9)$$

直线的斜率 b 称为回归系数，它表示为当 x 增加一个单位时，y 平均增加的数量。

直线回归的残差可写为

$$e_i = y_i - \hat{y}_i = y_i - (a + bx) \qquad (1.10)$$

其平方和为

$$S = \sum_{i=1}^{m} e_i^2 = \sum_{i=1}^{m} \left[y_i - (a + bx_i) \right]^2 \qquad (1.11)$$

平方和最小，即

$$\left.\begin{array}{l}
\dfrac{\partial S}{\partial a} = -2 \displaystyle\sum_{i=1}^{m} (y_i - a - bx_i) = 0 \\[4mm]
\dfrac{\partial S}{\partial b} = -2 \displaystyle\sum_{i=1}^{m} x_i (y_i - a - bx_i) = 0
\end{array}\right\} \qquad (1.12)$$

则正规方程为

$$am + b \sum_{i=1}^{m} x_i = \sum_{i=1}^{m} y_i$$

该式也可表示为

$$a \sum_{i=1}^{m} x_i + b \sum_{i=1}^{m} x_i^2 = \sum_{i=1}^{m} x_i y_i \tag{1.13}$$

令平均值为

$$\overline{x} = \sum_{i=1}^{m} \frac{x_i}{m} \tag{1.14}$$

$$\overline{y} = \sum_{i=1}^{m} \frac{y_i}{m}$$

则由式（1.9）可得

$$a + b\overline{x} = \overline{y}$$

整理得

$$a = \overline{y} - b\overline{x} \tag{1.15}$$

同样，从式（1.13）可得

$$b = \frac{\sum_{i=1}^{m} x_i y_i - \frac{1}{m} \left(\sum_{i=1}^{m} x_i \right) \left(\sum_{i=1}^{m} y_i \right)}{\sum_{i=1}^{m} x_i^2 - \frac{1}{m} \left(\sum_{i=1}^{m} x_i \right)^2} = \frac{\sum_{i=1}^{m} (x_i - \overline{x})(y_i - \overline{y})}{\sum_{i=1}^{m} (x_i - \overline{x})^2} \tag{1.16}$$

由于式（1.15）和式（1.16）中所有的量都是实验数据，因此可得回归直线方程式中的常数 a 及回归系数 b。

3. 非线性拟合

在研究对某些金属材料的应力应变关系的测试数据的处理等问题时，经常采用幂函数、指数函数等非线性函数进行拟合。这时将得到非线性方程组，这里简单介绍指数函数拟合。设观测值为 $\{(x_i, y_i) \mid i = 1, 2, \cdots, n\}$，选取

$$y = a_0 e^{a_1 x} \tag{1.17}$$

即

$$\ln y = \ln a_0 + a_1 x \tag{1.18}$$

记 $Y = \ln y$，$A_0 = \ln a_0$，原问题仍可以按线性拟合中的公式来计算。

运用曲线拟合技术应该注意以下两点：

（1）对原始数据要严格分析筛选。不可将含有很大过失误差的数据混入拟合点列，因为这将严重歪曲实验曲线。

（2）拟合时，除精心选择拟合函数形式（这是拟合成功与否的前提）之外，合理选择待定参数的数量和形式，从滤除测量误差的干扰和避免数值计算中的误差积累的角度看，并非待定参数选用越多越有利。尤其当原始数据精确度不高时，切忌这样选择。

对于一般的非线性最小二乘拟合问题，也可以通过分析将不易求解的非线性方程组转化为易于求解的形式。也可借助几何作图、级数展开、数值近似计算等方法

进行处理。

在数据筛选后，也可以直接应用 Excel 实验数据处理程序进行指数函数、幂函数、线性函数、多项式等的拟合。

1.5　实验结果的表示方法

在实验中除需对测得的数据进行整理并计算实验结果外，一般还要采取图表或曲线来表达实验成果。实验曲线应绘在坐标纸上。图中应注明坐标轴所代表的物理量和比例尺。

通过实验观测、采集、记录到需要的原始数据，经过分析处理，得到直接测量的测量值及其误差范围，再经过分析、计算，求得间接测量的测试结果和测量精度。事实上，在实测之前就要根据测试结果精确度的要求，制定实验测试方案、测试线路和程序，进行设备仪器的选配。并事先设计好相应原始数据的记录、分析表格，以便既不遗漏、又不重复地采集、记录原始数据，使整个数据处理、分析计算过程思维清晰、流畅高效，为最终完成实验报告打好基础。实测结束并得到最终测量结果之后，为了清晰、准确、简明、直观地将这些结果表达出来，也应该认真地选择有效的表示方法和表达形式，以便于查阅、交流和工程应用。常见的方法有表格法、图示法和解析法。

1. 表格法

表格法就是将测量的结果通过直接列表的方法表示出来。表格法的优点是简单、明了，可以直接读取数据、估计误差；便于对数据进行简单的加减、积分等运算处理；便于对记录的数据进行直观对比。但是表格法无法直接得出数值的变化趋势，必须经过简单计算或详细比较才能得到。

2. 图示法

图示法就是把所测结果直接在坐标系中用函数关系图线表示出来。这种方法能够更形象、直观反映所测各变量之间增减性、周期性、凹凸性、拐点、极值点等；便于寻找各参数之间的变化规律，发现物理量之间的相互联系，确定各参数间准确的数学关系，还可揭示各参数间内在机理。但是图示法仅对建立两个变量之间的函数关系方法简单可行，反映两个以上参数的函数关系有一定难度；还有数值采集时要靠几何量度量，其精度通常不易保证，因而，这种方法一般常用于定性描述，不宜用来表示精度要求较高的函数关系。

3. 解析法

解析法就是将测量的结果通过函数解析表达式的方法表示出来。解析法最大的优点就是所测各参数间物理关系表达明确，便于分析、计算，也可以从理论上进行深入的研究；可以解决多变量同时存在的情况，建立多参数间的数学关系。但是解析式函数关系的选择，必须具备扎实的数学基础，能够对各参数进行相应的数学计算，对所表示的函数关系有较清晰的认识后才能建立各参数间恰当的函数关系。

解析表达式的选择方法较多，可以直接由经验确定，也可以由数学方法来确定。目前使用较多的是插值法（如多项式插值）、观测值曲线拟合法、分段样条函数法等。最为常用的方法应首推采用最小二乘原理寻求多数据最佳逼近解析式的曲线拟合法。当连接各坐标点为曲线时，不要用直线逐点连成折线，应当根据多数点的所在位置，描绘出光滑的曲线，或用最小二乘法进行计算，选出最佳曲线。

第 2 章

拉伸与压缩实验

2.1 拉 伸 实 验

2.1.1 实验目的

(1) 确定低碳钢的屈服极限 (流动极限) σ_s、强度极限 σ_b、延伸率 δ 和断面收缩率 ψ。

(2) 确定铸铁的强度极限 σ_b。

(3) 观察拉伸过程中的各种现象 (包括屈服、强化和颈缩等现象), 并利用自动绘图装置绘制拉伸图 ($F - \Delta l$ 曲线)。

(4) 比较低碳钢 (塑性材料) 与铸铁 (脆性材料) 拉伸时的机械性质。

2.1.2 实验设备

本实验所用实验设备为 WE - 1000B 数显液压式万能试验机, 下面对其作详细介绍。

(1) 主体部分。两根支柱用螺帽固定在机座上, 其上端固定于上横梁上, 另外两根立柱分别固定在中横梁和工作台面上, 此两根立柱支持一个试样装夹空间, 便于拉、压、弯等实验。当油泵输出的油液使工作活塞上升时, 试验台随即上升, 试验台托起两根立柱和上横梁一起上升, 上横梁和中横梁上分别有上钳口和下钳口, 中间横梁的上升和下降主要靠两根立柱的螺杆转动来升降。由丝杆转动带动横梁上下移动, 升降控制按钮上有 "上" "下" 字样。

油缸及活塞是主体的主要部分, 它们的接触表面经过精密加工, 并保持一定的配合间隙和适当的油膜, 使活塞能自由移动而将摩擦减少到最低限度, 当油泵打来的高压油进入油缸后, 托着活塞连同横梁及试验台等上升时, 使负荷逐渐作用在试件上。因此在使用时, 应特别注意油的清洁, 不使油内含有的杂质、铁屑等随油通过油泵、油阀、油管等进入油缸内, 损坏油缸及活塞接触表面的粗糙度, 而影响实验结果的准确性。

（2）测力计部分。

1）组成结构。本试验机由软件测力部分、传感器、高压油泵及操作部分等组成。所以它是一个综合的机构，这些机构全部被封闭在简单、平滑、美观的钢铁外壳内，外壳各面必要处设有活动门，打开时能清楚地看到内部机构以便进行个别调整及修理，并可使轴承及各精确部分经常保持清洁良好的工作条件。

2）高压油泵与电动机。高压油泵与它所用的电动机用法兰连接在油箱盖板上，高压油泵采用由 7 套活塞组成的轴向柱塞泵，油泵内的活塞和套筒具有较高的表面粗糙度和良好的配合，保证了产生高压的可能性和最小的油量漏泄。

（3）操作部分。高压油泵电动机的开停按钮、电源按钮及指示灯装在测力计台面板上，送油阀也称压力调节阀，利用此阀可使油泵输出的油送到试验机油缸内，同时可控制负荷增减的速度，回油阀可卸除负荷使工作油缸内的油回到油箱内。

（4）液压传动系统。油箱内的油经过过滤油网被吸入油泵后，经油泵的输油管送到送油阀内，当送油手轮关闭时，由于油压作用而将活塞推开，油从回油管流回油箱，当送油手轮打开时，则油液经油管进入工作油缸内，再通过压力油管经过回油阀流回油箱。

（5）试验机操作方法。

1）送油阀及回油阀操作。送油阀在升起试验台时可以开得大些，使试验台以最快的速度上升，减少实验的辅助时间。当试样加荷时应注意操纵，必须根据试样规格的加荷速度进行调节，不应升得过快，使试样受到冲击，也不应无故关闭，使试样所受负荷突然下降，进而影响实验数据的准确性。在做特殊规格的屈服点或其他特殊实验的情况下，负荷需要反复增减时，也需平稳地操作。

回油阀在试样加荷时，必须将其关紧，不许有油漏回。在试样断裂后，应先关闭送油阀，然后慢慢打开回油阀，卸除负荷并使试验机活塞回落到原来位置，使油回到油箱，应注意：送油阀手轮不要拧得过紧，以免损坏油针的尖端，回油阀手轮必须拧紧，因油针尖端有较大的钝角，所以不易损伤。

2）试样装夹。作拉伸实验时，先开动油泵拧开送油阀，使工作活塞升起约5mm，然后关闭送油阀，将试样一端夹于上钳口，测力仪清零，再调整下钳口，夹持试样下端，即可开始实验，夹持试样时，应按钳口所刻的尺寸范围夹持试样。试样应该夹在钳口的全长上，两块钳口位置必须一致，并对准中央加以充分固定。

为避免钳口及钳口座活动时在滑动面上啃住或咬死，可用一种石墨与黄油的混合物作润滑剂。试验机附油特殊夹持装备时按另外规定的说明进行操作。

3）智能测力仪使用。

a. 按键功能说明：本仪器共用 24 个按键。

a）9个数字键（0~9）：用于输入数字信息。

b）菜单：用于进入各项功能的选择。

c）力值清零：用于显示力值的清零。

d）位移清零：用于显示位移的清零。

e）复位：用于回到待机状态。

f）打印：待机状态为走纸，其他状态为强制打印数据。

g）删除：用于清除输入的数字。

h）▼，▲：用于查询时翻页。

b. 时钟调整。在待机状态下，如图2.1所示，用户如发现日期或时间不正确时，可对时间进行调整。方法如下：

a）按"菜单"键进入操作功能选择状态，如图2.1所示。

图2.1　时钟的待机状态

b）输入"8"后按"确认"键进入时钟设定界面，如图2.2所示。

图2.2　时钟设定界面

c）依次输入正确的"年份"后按"确认"键，再输入正确的"月份"按"确认"键，以此类推完成整个日期的时间设定，设定完成后自动回到图2.1所示的待机界面。

c. 抗拉实验操作。

a）按"菜单"键，液晶屏进入操作功能选择状态，如图2.1所示，输入"2"选择"抗拉实验"，按"确认"键进入图2.3界面。

图 2.3 "抗拉实验"界面

b）输入相应的序号以及试件的型号后，按"确认"键进入实验状态，如图2.4所示。

图 2.4 实验状态

c）夹好试件，开启压力机，当油缸缓缓上升时，按"清零"键清除皮重。关闭回油阀，打开送油阀，按一定加荷速率进行加载直至试件破坏。关闭送油阀，打开回油阀进行卸载。

d. 抗拉试件检测结果数据查询。

编号查询方式：

a）按"菜单"键进入操作功能选择状态，如图2.1所示。

b）输入"2"，再输入"7"选择"抗拉数据查询"，并按"确认"键，出现图2.5所示的查询界面。

```
                    抗拉数据查询
        请选择查询方式：（1）按编号（2）按日期




                              08:10:31
软件版本：V5.00（0060kN）         2007:03:01
```

图 2.5　"抗拉数据查询"界面

c）输入"1"，选择编号查询方式，并按"确认"键，出现图 2.6 所示的查询结果，然后选择要查询试件的编号和型号后按"确认"键，如果有此记录则显示图2.8 所示的查询结果，如果没有则显示"未查询到记录"。

```
                    抗拉数据查询
        请选择查询方式：1（1）按编号（2）按日期
        请输入试件编号：000004试件型号：1

（0）非标试块抗拉，无须输面积      （7）圆矩形
（1）圆形截面试件抗拉
（2）管形截面试件抗拉
（3）板形截面试件抗拉
（4）剖条试件抗拉
（5）不规则截面试件抗拉
（6）钢绞线试件抗拉              08:10:31
                              2007:03:01
```

图 2.6　"抗拉数据查询"结果

日期查询方式：

a）按"菜单"键进入操作功能选择状态，如图 2.1 所示，输入"7"选择"数据查询"按"确认"键进入图 2.5 界面。

b）输入"2"选择日期查询方式，并按"确认"出现图 2.7 所示界面，然后选择要查询试件的实验日期按"确认"键，如果有此记录则显示图 2.8 所示界面，如果没有则显示"未查询到记录"。

2.1.3　实验试件

试件的尺寸和形状对实验结果会有影响。为了避免这种影响，以便于各种材料机械性质的相互比较，国家对试件的尺寸和形状有统一规定，参见《金属材料　拉

```
                        抗拉数据查询
        请选择查询方式：2(1)按编号(2)按日期
        请选择试验日期：000000（YYMMDD格式）




                                          08:10:31
   软件版本：V1.00（0060kN）              2007:03:01
```

图 2.7　输入"编号"和"型号"后界面

```
                        抗拉数据查询
   试件编号：000001              试件类型：圆材

     F（0120kN）
                               FeH（kN）：
                               FeL（kN）：
                               Fm（kN）：
                               ΔLm（mm）：
                               Lm（mm）：
                               ReH（MPa）：
                               ReL（MPa）：
                               Rm（MPa）：
                               So（mm²）：
                                          08:10:31
                  t（160s）                2007:03:01
```

图 2.8　有查询记录的界面

伸试验　第 1 部分：室温试验方法》（GB/T 228.1—2021）。标准试件有圆形和矩形两种类型，如图 2.9 所示。试件上标记 A、B 两点之间的距离称为标距，记作 l_0。圆形试件标距 l_0 与直径 d_0 有两种比例，即 $l_0 = 10d_0$ 和 $l_0 = 5d_0$。矩形试件也有两种标准，即 $l_0 = 11.3\sqrt{A_0}$ 和 $l_0 = 5.65\sqrt{A_0}$，其中 A_0 为矩形试件的截面面积。

图 2.9　拉伸试件

2.1.4 低碳钢拉伸力学性能

材料的机械性质 σ_s、σ_b、δ 和 ψ 是由拉伸破坏实验确定的。

低碳钢是指含碳量在 0.3% 以下的碳素钢，是工程中使用最广泛的金属材料，同时它在常温静载条件下表现出来的力学性质也最具代表性。

将低碳钢标准试件装在试验机上，对试件缓慢加拉力 F_P，直到拉断为止。不同载荷 F_P 与试件标距内的绝对伸长量 Δl_0 之间的关系，可通过试验机上的自动绘图仪绘出相应的关系曲线，称为拉伸图或 F_P-Δl 曲线，如图 2.10（a）所示。由于 F_P-Δl 曲线与试件的尺寸有关，为了消除试件尺寸的影响，把拉力 F_P 除以试件横截面的原始面积 A_0，得出正应力 $\sigma = \dfrac{F_P}{A_0}$ 为纵坐标；把伸长量 Δl 除以标距的原始长度 l_0，得出应变 $\varepsilon = \dfrac{\Delta l}{l_0}$ 为横坐标，作图表示 σ 与 ε 的关系［图 2.10（b）］称为应力-应变曲线或 σ-ε 曲线。

（a）低碳钢拉伸图　　　　　　　（b）低碳钢应力-应变曲线

图 2.10　低碳钢拉伸曲线

从应力-应变曲线可以了解低碳钢拉伸时的力学性能。低碳钢拉伸实验的整个过程，大致可分为以下 4 个阶段。

1. 弹性阶段

在拉伸的初始阶段，曲线是由斜直线 Oa 和很短的微弯曲线 ab 组成的。斜直线 Oa 表示应力和应变成正比关系，即 $\sigma \infty \varepsilon$，直线的斜率即为材料的弹性模量 E，写成等式 $\sigma = E\varepsilon$，就是拉伸或压缩的胡克定律。与 a 点对应的应力 σ_P 称为比例极限。显然，只有应力低于比例极限时，应力才与应变成正比，材料才服从胡克定律。这时，材料是线弹性的。

对于微弯曲线段 ab，应力和应变之间不再服从线性关系，但解除拉力后变形仍可完全消失，这种变形称为弹性变形，b 点对应的应力 σ_e 是材料只出现弹性变形的极限值，称为弹性极限。由于 ab 阶段很短，σ_e 和 σ_P 相差很小，通常并不严格区分。

在应力大于弹性极限后，如再解除拉力，则试件产生的变形有一部分消失，这就是上面提到的弹性变形；但还留下一部分不能消失的变形，这种变形称为塑性变形或残余变形。

2. 屈服（流动）阶段

当应力超过 b 点增加到 c 点之后，应变有非常明显的增加，而应力先是下降，然后做微小的波动，在 σ-ε 曲线上出现接近水平线的小锯齿形线段。这种应力基本保持不变，而应变显著增加的现象，称为屈服或流动。在屈服阶段内的最高应力（c 点）和最低应力（c' 点）分别称为上屈服极限和下屈服极限。上屈服极限的数值与试件形状、加载速度等因素有关，一般是不稳定的。下屈服极限则相对较为稳定，能够反映材料的性质，通常就把下屈服极限称为屈服极限或屈服点，用 σ_s 来表示。

对于粗糙度值很低的表面光滑试件，屈服之后在试件表面上隐约可见与轴线成 $45°$ 的条纹，这是由材料沿试件的最大切应力面发生滑移而引起的，称为滑移线。

材料屈服表现为显著的永久变形或塑性变形，而零件的塑性变形将影响机器的正常工作，所以屈服极限 σ_s 是衡量材料强度的重要指标。

3. 强化阶段

经过屈服阶段后，材料又恢复了抵抗变形的能力，要使它继续变形必须增加拉力。这种现象称为材料的强化。在图 2.10（b）中，强化阶段中的最高点 e 所对应的应力 σ_b 是材料所能承受的最大应力，称为强度极限或抗拉强度。它是衡量材料强度的另一个重要指标。在强化阶段，试件标距长度明显地变长，直径明显地缩小。

4. 局部变形阶段

过 e 点之后，进入局部变形阶段，试件局部出现显著变细的现象，即颈缩现象（图 2.11）。由于在颈缩部位横截面面积迅速减小，使试件继续伸长所需要的拉力也相应减少。在 σ-ε 图中，用横截面原始面积 A 算出的应力 $\sigma = F_P/A$ 随之下降，直到 f 点，试件被拉断。

图 2.11　颈缩现象

5. 延伸率和断面收缩率

试件拉断后，由于保留了塑性变形，试件加载前的标距长度 l_0 拉断后变为 l_1。残余变形 Δl_0 与标距原长 l_0 之比的百分数称为延伸率，用 δ 表示，即

$$\delta = \frac{l_1 - l_0}{l_0} \times 100\% \tag{2.1}$$

试件的塑性变形（$l_1 - l_0$）越大，δ 也就越大。因此，延伸率是衡量材料塑性的指标。低碳钢的延伸率很高，其平均值为 $20\% \sim 30\%$，这说明低碳钢的塑性性能很好。

工程上通常按延伸率的大小把材料分成两大类，$\delta > 5\%$ 的材料称为塑性材料，如碳钢、黄铜、铝合金等；而把 $\delta < 5\%$ 的材料称为脆性材料，如铸铁、玻璃、陶瓷等。

衡量材料塑性的另一个指标为断面收缩率 ψ，其定义为拉断后试件横截面面积的最大缩减量（$A_0 - A_1$）与原始横截面面积 A_0 之比的百分率，即

$$\psi = \frac{A_0 - A_1}{A_0} \times 100\% \tag{2.2}$$

ψ 也是衡量材料塑性的指标。

产生局部收缩的材料如图 2.12（a）所示，若将其标点距离适当地等分刻度，则试件标点距离内的伸长分布如图 2.12（b）所示。上述延伸率为各刻度之间延伸率的平均值，而不是最大的延伸率。

由于延伸率依据标点距离的长度而有所不同，所以在比较材料的延展性时，必须要相同形状和尺寸的试件。若考虑把试件的全部伸长分为均匀伸长和局部伸长，则如图 2.13 所示，总伸长＝均匀伸长＋局部伸长。若考虑均匀伸长与试件长度成比例，局部伸长与直径成比例，则延伸率可表示如下：

断裂面

（a）试件状态图

图 2.12（一）　局部收缩和伸长

（b）曲线图

图 2.12（二） 局部收缩和伸长

$$\delta(\%)=a\,\frac{\sqrt{A_0}}{l_0}+b \tag{2.3}$$

式中：a、b 为材料常数，用以比较任意长度试件的延伸率。

图 2.13 均匀伸长和局部伸长

6. 卸载定律和冷作硬化现象

在实验过程中，如果不是持续将试件拉断，而是加载至超过屈服极限后如达到图 2.10（b）中的 d 点，然后逐渐卸除拉力，应力-应变关系将沿着斜直线 dd' 回到 d' 点，斜直线 dd' 近似地平行于 Oa。这说明：在卸载过程中，应力和应变按直线规律变化，这就是卸载定律。拉力完全卸除后，应力-应变图中，$d'g$ 表示消失了的弹性变形，而 Od' 表示保留下来的塑性变形。

卸载后，如在短期内再次加载，则应力和应变又重新沿着卸载直线 dd' 上升，直到 d 点后，又沿曲线 def 变化。可见在再次加载时，直到 d 点以前材料的变形是弹性的，过 d 点后才开始出现塑性变形。比较图 2.10（b）中的 $Oabcc'def$ 和 $d'def$ 两条曲线，可见在第二次加载时，其比例极限（弹性阶段）得到了提高，但塑性变形和延伸率却有所降低。这种现象称为冷作硬化。

工程上经常利用冷作硬化来提高材料的弹性阶段。如起重机用的钢索和建筑用的钢筋，常用冷拔工艺以提高强度。又如对某些零件进行喷丸处理，使其表面发生塑性变形，形成冷硬层，以提高零件表面层的强度。但冷作硬化也像世间一切事物一样无不具有两重性，其有利之处将在工程中得到广泛应用，不利之处是由于冷作硬化使材料变硬变脆，给塑性加工带来困难，且容易产生裂纹，往往需要在工序之间安排退火，以消除冷作硬化带来的影响。

试件拉伸达到最大荷载 F_b 之前，在标距范围内的变形可认为是均匀的，从最大荷载开始到产生局部伸长和颈缩。细颈出现后，横截面面积迅速减小，故继续拉伸所需的荷载也逐步变小，直至 f 点断裂为止。最初在试件加载时，测力指针（又称主动针）随荷载的增加向前移动。同时，它还推动另外一根指针（称为副针）前进。断裂后，主动针返回零点，而副针则停留在荷载最大值的刻度上，副针给出的读数即为最大破坏荷载 F_b。

2.1.5 实验步骤

（1）试件准备：一般采用的是低碳钢试件，为了便于观察变形沿轴向的分布情况，用画线机在试件标距 l 范围内每隔 10mm 画一圆周线，将标距分成 10 段。

用游标卡尺测量标距两端及中部 3 个断面处的直径，并在每一横截面的互垂方向各测一次，取平均值，用所得 3 个平均数据中的最小值计算试件的横截面面积 A_0（A_0 取 3 位有效数字）。

（2）试验机准备：根据低碳钢的强度极限 σ_b 和横截面面积 A_0 估算试件的最大荷载。由最大荷载的大小，选择合适的测力度盘，并配置相应的摆锤，使其与所选用的测力度盘符合。

调整测力指针，对准"零"点，并使副针与之靠拢，同时调整好自动绘图仪。

（3）安装试件：开动试验机，将试验台升高 5～10mm 后，再将试件安装在试验机的上夹头内，然后移动下夹头使其达到适当位置，并将试件下端夹紧。

（4）检查及试车。请教师检查以上步骤的完成情况，然后开动试验机，预加少量荷载（对应的应力不超过比例极限）后，卸载回"零"点，以检查试验机工作是否正常。

（5）进行实验。开动试验机并缓慢匀速加载，注意观察测力指针的转动、自动绘图仪的镜框和相应的实验现象。当测力指针不动或倒退时，说明材料开始屈服，记录屈服荷载 F_s，试件断裂后停车，由副针读出最大荷载 F_b 并记录。

取下试件，将断裂试件的两端对齐并尽量挤紧，用游标卡尺测量断后的标距 l_1，测量两断口处的直径 d_1，注意应在每段断口处两个互相垂直的方向各测量一次，计算平均值，取其中最小者计算 A_1。

（6）结束工作。取下试件和绘好的拉伸曲线图纸。请教师检查记录，将试验机的一切机构复原。

2.1.6 实验结果处理

（1）根据屈服荷载 F_s 及最大荷载 F_b 计算屈服极限 σ_s 和强度极限 σ_b：

$$\sigma_s = \frac{F_s}{A_0}, \ \sigma_b = \frac{F_b}{A_0}$$

（2）根据实验前后的标距长度及横截面面积，计算延伸率 δ 及断面收缩率 ψ：

$$\delta = \frac{l_1 - l_0}{l_0} \times 100\%, \ \psi = \frac{A_0 - A_1}{A_0} \times 100\%$$

（3）若断口不在标距长度中部 1/3 区段内，需采用断口移中的办法（借计算把断口移至中间）以计算试件拉断后的标距 l_1。采用断口移中法时，实验前要将试件标距分为 10 格。实验后将拉断的试件断口对紧，如图 2.14 所示，以断口 O 为起点在长段上取基本上等于短段的格数 B 点，当长段所余格为偶数时［图 2.14（a）］，就量出长段所余格数的一半得出 C 点，将 BC 段长度移到试件左端，则移位后的 l_1 为

$$l_1 = AB + 2BC \tag{2.4}$$

（a）长段余格为偶数

（b）长段余格为奇数

图 2.14　压缩端口示意图

如果在长段上取基本等于短段格数 B 点后，若长段所余格数为奇数时［图 2.14（b）］，可在长段上量取所余格数减 1 之半得 C 点，再量取所余格数加 1 之半得 C_1 点，将 BC 段长度移到试件左端，则移位后 l_1 为

$$l_1 = AB + 2BC + CC_1 \qquad (2.5)$$

为什么要将断口移中呢？这是因为断口靠近试件两端时，在断口试件的较短一段上，必将受到试件头部较粗部分的影响，从而降低了颈缩部分的局部伸长量，使延伸率 δ 的数值偏小，用断口移中的办法可以在一定程度上弥补上述偏差。

2.1.7 铸铁拉伸实验

铸铁也是工程中广泛应用的材料之一，拉伸时的应力-应变关系是一条微弯曲线。如图 2.15 所示，没有直线区段，没有屈服和颈缩现象，试件断口平齐、粗糙，拉断前的应变很小，延伸率也很小，几乎没有塑性变形，所以只能测得拉伸时的强度极限 σ_b（拉断时的最大应力）。铸铁是典型的脆性材料，由于没有屈服现象，强度极限 σ_b 是衡量强度的唯一指标。

由于铸铁 σ-ε 图是一微弯的曲线，弹性模量 E 的数值随应力的大小而变。但在工程中铸铁的拉应力不能很高，而在较低的拉应力下，则可近似地认为服从胡克定律。通常取 σ-ε 曲线的割线代替曲线的开

图 2.15　铸铁拉伸曲线

始部分，并以割线的斜率作为弹性模量，称为割线弹性模量。

一般情况下，铸铁等脆性材料的抗拉强度很低，所以不宜作为受拉构件。但铸铁经球化处理成为球墨铸铁后，力学性能有显著的变化，不但有较高的强度，而且还有较好的塑性性能。国内不少工厂成功地用球墨铸铁代替钢材制造曲轴、齿轮等零件。

首先测出直径 d，计算横截面积 A_0，然后装入试验机逐渐加载直到试样断裂，记下最大荷载 F_b，据此即可计算强度极限 σ_b：

$$\sigma_b = \frac{F_b}{A_0}$$

2.2　压　缩　实　验

2.2.1　实验目的

（1）确定压缩时低碳钢的屈服极限 σ_s 和铸铁的强度极限 σ_b。

（2）观察低碳钢和铸铁压缩时的变形及破坏现象并进行比较。

2.2.2　实验设备

本实验所用实验设备为 WE-1000B 数显液压式万能试验机。

2.2.3　实验试件

根据《金属材料　室温压缩试验方法》（GB/T 7314—2017），木材、石块、混凝土试件通常为立方体标准试件：$l_0=(2.5\sim3.5)b$；金属材料常采用圆柱形标准试件：试样长度 $l_0=(2.5\sim3.5)d_0$ 或 $(1\sim2)d_0$，试样原始直径 $d_0=[(10\sim20)\pm0.05]$mm，如图 2.16 所示。

图 2.16　压缩标准试件

2.2.4　压缩时力学性能

当试件承受压缩时，其上下两端面与试验机支承垫之间将产生很大的摩擦力，如图 2.17 所示，这种摩擦力阻碍试件上部的横向变形，若在试件两端面涂以润滑剂，就可以减小摩擦力，试件的抗压能力将会有所下降。当试件高度相对增加时，摩擦力对试件中部的影响将有所减小。同时为了尽量使试件承受轴向压力，试件两端必须完全平行。

试验机附有球形承垫，如图 2.18 所示。球形垫承位于试件上端和下端。当试件两端面稍有不平行时，球形承垫可以起调节作用，使压力通过试件轴线。

图 2.17　承压试件的摩擦力

图 2.18　试验机附有球形承垫

压缩实验也是考察材料力学性质的基本实验之一，为了比较低碳钢和铸铁拉伸与压缩时力学性质的异同，将 σ-ε 曲线画在同一个坐标内。

图 2.19 所示为低碳钢压缩与拉伸时的应力-应变曲线，从图中可以看出，低碳钢拉伸与压缩时的弹性模量 E 和屈服极限 σ_s 相同。屈服阶段以后，低碳钢压缩试件会被越压越扁，横截面面积不断增大，试件抗压能力也继续提高，因而得不到压缩时的强度极限。

图 2.20 所示为铸铁压缩与拉伸时的应力-应变曲线。铸铁是一种典型的脆性材料，压缩时的力学性质与拉伸时有较大差异，从图 2.20 中可以看出，此种材料拉伸与压缩时的弹性模量基本相同，但压缩时的强度极限 σ_b 是拉伸时的 4～5 倍，试件在变形不大的情况下突然被破坏，破坏断面的法线与轴线成 45°～55° 的倾角，表明试件沿斜截面因相对错动而破坏。

图 2.19　低碳钢压缩与拉伸时的应力-应变曲线　　图 2.20　铸铁压缩与拉伸时的应力-应变曲线

低碳钢和铸铁目前仍是工程中使用最为广泛的典型塑性与脆性材料，这两种材料表现出来的力学性质具有一定的代表性。一般认为，低碳钢及其他塑性材料是拉、压力学性质相同的材料，在了解其拉伸性质之后，不一定再去做压缩实验。铸铁所反映出的拉伸与压缩力学性质有较大的差异，对于其他脆性材料也有同样情形。脆性材料抗压强度高，价格低廉，宜于制成受压构件使用，特别是铸铁，坚固耐磨，高温熔融态时流动性很好，广泛用于浇铸制成的床身、机座等零部件。

第 3 章

拉伸时材料弹性常数的测定

3.1　实　验　目　的

（1）验证胡克定律，测定钢材的弹性模量 E 和泊松比 μ。
（2）学习拟定实验加载方案。
（3）学习应力电测方法。

3.2　实　验　设　备

（1）万能材料试验机。
（2）游标卡尺。
（3）电阻应变仪。

3.3　电测法基本原理

电测法就是将电阻应变片（以下简称"应变片"）牢固地贴在被测构件上，当构件受力变形时，应变片的电阻值将随之发生相应的改变。通过电阻应变测量装置（电阻应变仪，以下简称"应变仪"），将电阻改变量测出来，并换算成应变值指示出来（或用记录器记录下来）。

3.3.1　电阻应变片

如果要测量图 3.1 所示的构件上某一点 K 的 x 方向线应变，可在构件受载前，于该点沿该方向贴一根长度为 l，截面面积为 A，电阻率为 ρ 的金属丝。由电学知识可知，该金属丝的电阻 R 为

$$R=\frac{\rho l}{A} \tag{3.1}$$

构件受力后，由物理学中的应变效应可知，在该点、该方向产生应变 $\mathrm{d}l/l$ 的同时，金属丝的电阻也将随之发生相应的变化 $\mathrm{d}R/R$，为求得电阻变化率 $\mathrm{d}R/R$ 与应变 $\mathrm{d}l/l$ 之间的关系，可将式（3.1）两端先取对数后再微分得

$$\ln R = \ln\rho + \ln l - \ln A$$

$$\frac{\mathrm{d}R}{R} = \frac{\mathrm{d}\rho}{\rho} + \frac{\mathrm{d}l}{l} - \frac{\mathrm{d}A}{A} \tag{3.2}$$

式中：$\mathrm{d}l/l$ 为纵向线应变；$\mathrm{d}A/A$ 为金属丝长度变化时，由横向效应而造成的截面相对改变量。

对于圆截面直径为 D 的金属丝来说，若对其截面面积的计算公式 $A = \dfrac{\pi D^2}{4}$ 的两端先取对数再微分，则有 $\dfrac{\mathrm{d}A}{A} = 2\dfrac{\mathrm{d}D}{D}$。

根据纵向应变 $\mathrm{d}l/l$ 与横向应变 $\mathrm{d}D/D$ 之间的关系：

$$\frac{\mathrm{d}D}{D} = -\mu\frac{\mathrm{d}l}{l} \tag{3.3}$$

就可得出

$$\frac{\mathrm{d}A}{A} = -2\mu\frac{\mathrm{d}l}{l} \tag{3.4}$$

式中：μ 为金属丝材料的泊松比。

$\mathrm{d}\rho/\rho$ 表示金属丝电阻率的相对变化，目前与实验结果较为相符的解释认为，金属丝电阻率的变化率与其体积变化率 $\mathrm{d}V/V$ 之间呈线性关系，即

$$\frac{\mathrm{d}\rho}{\rho} = m\frac{\mathrm{d}V}{V}$$

由材料力学可知，在单向应力状态下：

$$\frac{\mathrm{d}V}{V} = (1-2\mu)\frac{\mathrm{d}l}{l}$$

因而有

$$\frac{\mathrm{d}\rho}{\rho} = m(1-2\mu)\frac{\mathrm{d}l}{l} \tag{3.5}$$

式中：m 为与金属材料及其加工方法有关的常数。

将式（3.4）和式（3.5）代入式（3.2），则有

$$\frac{\mathrm{d}R}{R} = [(1+2\mu) + m(1-2\mu)]\frac{\mathrm{d}l}{l}$$

令

$$K = (1+2\mu) + m(1-2\mu)$$

可以得到

图 3.1 拉伸构件

$$\frac{\mathrm{d}R}{R} = K \frac{\mathrm{d}l}{l} = K\varepsilon \tag{3.6}$$

式中：K 为材料的灵敏系数，一般 $K = 2.0 \sim 2.2$。

从式（3.6）中可看出，为了能精确地读出 ε，就需要 $\mathrm{d}R$ 尽可能大，这也就要求 R 尽可能大，亦即要求金属丝尽可能长。此外，在进行应变测量时，需对金属丝加一定的电压，为了防止电流过大产生发热乃至熔断，也要求金属丝较细长，以获得较大的电阻值 R_0。但从测量构件应变的角度来看，却又希望金属丝这种传感元件尽可能小，以便较准确地反映一点的应力情况。解决这一矛盾的措施，就是将金属丝做成图 3.2 所示的栅状，称为电阻应变片。

图 3.2　电阻应变片

应变片的基本参数有标距 l、宽度 a、灵敏系数 K 及参考电阻值 R，一般生产单位在出厂前已标定好。

电阻应变仪是利用惠斯登电桥进行应变测量的。惠斯登电桥共有 4 个桥臂电阻，如图 3.3 所示。

若桥臂电阻 R_1 与 R_2 由外接电阻应变片来充当，而 R_3 与 R_4 用应变仪内部的固定电阻片，则这种电桥的接线方法叫半桥接法，如图 3.3 所示。若 4 个桥臂电阻全部由外接的电阻应变片充当，则叫全桥接法，如图 3.4 所示。

图 3.3　半桥接法

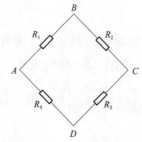

图 3.4　全桥接法

3.3.2 电阻应变仪的测量原理

1. 测量的基本电路（电桥）

在电阻应变仪中一般用电桥将应变片的电阻变化转换为电压或电流的变化，以图 3.5 所示的直流电桥为例说明。直流电桥的桥臂是由 R_1、R_2、R_3、R_4 4 个电阻组成的，AC 两端为电源端，其直流电压为 U_E。BD 两端为输出端，其负载电阻为 R_0。

一般情况下电桥输出端配有电阻应变仪高输入阻抗的放大器，其负荷电阻可以认为无限大，输出端处于开路状态，这种电桥称为电压桥。下面分析应变片电阻变化和电桥输出电压的关系。

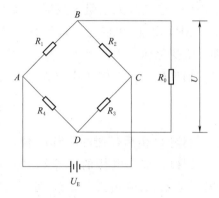

图 3.5　直流电桥

输出电压 U 等于 D 点与 B 点间的电位差。在 ABC 支路中，由分压公式得 B 点电压 U_{BA} 为

$$U_{BA} = U_E \frac{R_1}{R_1 + R_2}$$

在 ADC 支路中，同理得 D 点的电压 U_{AD} 为

$$U_{AD} = U_E \frac{R_4}{R_3 + R_4}$$

可输出的电压 $U = U_{BD}$ 为

$$U = \frac{R_1}{R_1 + R_2} U_E - \frac{R_4}{R_3 + R_4} U_E = \frac{R_1 R_3 - R_2 R_4}{(R_1 + R_2)(R_3 + R_4)} U_E \tag{3.7}$$

电桥平衡条件：电桥 4 臂阻值具有什么关系时，电桥输出为 0。由式（3.7）可见，当分子为 0 时，$U = 0$，所以直流电桥平衡条件为

$$R_1 R_3 - R_2 R_4 = 0 \tag{3.8}$$

实际测量中多数是桥臂 4 个电阻 $R_1 = R_2 = R_3 = R_4$，这种电桥称为等臂电桥。设等臂电桥中 R_1 为应变片，当电阻改变量为 ΔR 时，U 与 ΔR 的关系为

$$U = \frac{(R_1 + \Delta R) R_3 - R_2 R_4}{(R_1 + \Delta R + R_2)(R_3 + R_4)} U_E = \frac{\Delta R}{4R + 2\Delta R} U_E$$

由于一般情况下 $\Delta R \ll R$，所以可在分母中忽略 $2\Delta R$ 项，则

$$U = U_E \frac{\Delta R}{4R} \tag{3.9}$$

式（3.9）为输出电压与电阻变化 ΔR 的关系式。可见，输出电压 U 与应变片

电阻变化率、供桥电压有关。并且当 $\Delta R \ll R$ 时，U 与 ΔR 呈线性关系，即应变片产生 ΔR 时，电桥输出电压 U 随之成比例变化，这就是电桥的转换作用。

电桥转换作用的物理过程：当应变片接入电桥而无电阻变化时，由于桥臂中 $R_1 = R_2 = R_3 = R_4 = R$，则 B 点与 D 点的电位相等，所以 BD 间电压 U 为 0，即 $\Delta R = 0$（应变片无电阻改变时），$U = 0$；当应变片 R_1 产生 ΔR 时，桥 AB 阻值为 $R_1 + \Delta R$，因而 B 点电位高于 D 点电位，BD 间电位差即为输出电压 U。可见，U 随 ΔR 变化而成比例变化，从而电桥把 ΔR 变换为电压。

如果桥 AB 上应变片的应变为 ε_1，将式（3.6）代入式（3.9）得

$$U = \frac{U_E K \varepsilon_1}{4} \tag{3.10}$$

测定 U 值后，便可求出 ε_1 值。

同样，如果电桥的 4 个桥臂电阻产生一般小电阻增量（分别为 ΔR_1、ΔR_2、ΔR_3、ΔR_4），则由式（3.7）可得电桥输出电压：

$$U = \frac{U_E}{4}\left(\frac{\Delta R_1}{R_1} - \frac{\Delta R_2}{R_2} + \frac{\Delta R_3}{R_3} - \frac{\Delta R_4}{R_4}\right) \tag{3.11}$$

若 4 个应变片作桥臂（其初始电阻值满足平衡条件），当应变片的应变分别为 ε_1、ε_2、ε_3、ε_4 时，将式（3.6）代入式（3.11）得

$$U = \frac{U_E}{4} K (\varepsilon_1 - \varepsilon_2 + \varepsilon_3 - \varepsilon_4) \tag{3.12}$$

可见，输出电压与各桥臂上应变片的应变代数和成正比。

用电桥测量电阻变化的方法有两种：直读法和零位法。

直读法是把电桥输出电压放大后，直接接电压表，电压表刻度盘直接刻好应变值，由指针偏转直接指出应变值，或是将电桥输出电压放大后送到记录器直接记录下应变值。直读法用于动态测量。由式（3.10）的 $U = \frac{K U_E \varepsilon_1}{4}$ 可以看出，输出电压 U 受电源电压 U_E 影响，因此直读中要求电压很稳定，否则会产生误差。

2. 电桥的加减特征

通常式（3.12）也当作电桥的加减特性表达式。一般在电阻应变仪测量中，应设法使桥臂各应变片的应变量 $\varepsilon_1 = \varepsilon_2 = \varepsilon_3 = \varepsilon_4 = \varepsilon$，则可以看出电桥有如下加减特性：

（1）当桥臂只有应变片 R_1 产生 ε 应变时，这时输出电压为 $U = \frac{K U_E \varepsilon}{4}$。

（2）当桥臂应变片 R_1 有 $+\varepsilon$、应变片 R_2 有 $-\varepsilon$ 时，输出电压为 $U = \frac{U_E K \varepsilon}{2}$。与上式比较，这时输出电压等于两个臂引起输出电压之和。

（3）当桥臂 R_1 有 $+\varepsilon$、应变片 R_3 产生应变 $+\varepsilon$ 时，输出电压为 $U=\dfrac{U_E K\varepsilon}{2}$，同样，这时相当于两臂输出之和。

（4）当桥臂 R_1 有 $+\varepsilon$、R_2 有 $-\varepsilon$、R_3 有 $+\varepsilon$、R_4 有 $-\varepsilon$ 应变时，输出电压为 $U=U_E K\varepsilon$。显然与单臂比较，此时为其 4 倍，即为 4 臂输出之和。

由（2）～（4）3 种情况看出，当相邻臂有异号或相对臂有同号应变时，电桥能把各臂信号引起的电压变化自动相加后输出。

（5）当桥臂 R_1 有 $+\varepsilon$、R_2 有 $+\varepsilon$ 应变时，则输出电压 $U=0$；当 R_1 有 $-\varepsilon$、R_3 有 $+\varepsilon$ 时，则输出电压 $U=0$。由这两种情况可以看出，当相邻两臂有同号，相对两臂有异号应变时，电桥能把各臂引起的电压变化自动相减后输出。

由此可以得出电桥加减特性为相邻臂有异号，相对臂有同号大小相等的应变时，电桥相加；相邻臂有同号，相对臂有异号大小相等的应变时，电桥相减。

3. 温度补偿

在测量环境温度变化时，由于敏感栅的电阻温度效应（金属线的电阻随温度而变化的效应）及其构件的线膨胀不同，均会使电阻值发生变化。为测得构件的真实应变，必须消除这一影响，为此取一片与工作应变片同样性能的应变片，粘贴在与构件相同材料不受力的试件（补偿板）上，使它具有与构件相同的温度，此应变片称为温度补偿片。利用电桥的加减特性，测量时如工作应变片接在 AB 上，补偿片接在 BC 上，其他两臂接固定电阻，则由于温度变化而产生的电阻变化被消除了。

下面以拉伸或压缩为例讲解如何消除温度补偿。

取两片阻值 R、灵敏系数 K 都相同的电阻应变片，将其中一片 R_1 沿受力方向贴在待测构件上，另一片 R_2 贴在不受力的补偿板上，按半桥方式接入电桥线路，如图 3.6 所示。

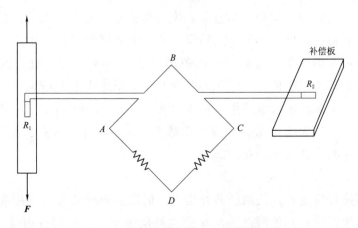

图 3.6　拉伸半桥式电桥线路

当构件受力后引起的电阻应变片 R_1 的电阻变化量为 $\Delta R_1' = K\varepsilon R_1$。

由于温度变化引起应变片 R_1 的电阻变化量为 $\Delta R_1'' = R_1 \alpha \Delta t$。

所以应变片 R_1 总的电阻变化量为

$$\Delta R = \Delta R_1' + \Delta R_1'' = K\varepsilon R_1 + R_1 \alpha \Delta t$$

应变片 R_2 因为不受力，所以只有由于温度引起的电阻变化量 $\Delta R_2 = R_2 \alpha \Delta t$。

因为 R_1、R_2 是接在电桥相邻两臂，所以总的电阻变化为

$$\Delta R = \Delta R_1 - \Delta R_2 = K\varepsilon R_1 + R_1 \alpha \Delta t - R_2 \alpha \Delta t$$

又由于 $R_1 = R_2$，K、α、Δt 都相同，所以

$$\Delta R = K\varepsilon R_1$$

这样就消除了温度影响，而只测量了轴向应变 ε。

3.4　YD‐88 便携式应变仪

1. 部件组成

YD‐88 便携式应变仪由 ± 5V 稳压电源、2V 高稳定悬浮桥源、1μV 高稳定专用放大器、功率放大器、A/D 转换器、驱动器、$4\frac{1}{2}$ 位数字面板表、通道切换单元等部分组成。

（1）全悬浮高稳定桥源。为了提高仪器抗干扰能力，精心设计了一个 2V DC 电压输出全悬浮供桥源，正负电压分别对称稳压，内阻极小又无接地端，使全悬浮的电桥输出对称接到输入全悬浮的放大器中去，这种设计的连接方式共模抑制作用最强（120db），使测量的干扰最小，可以精确测准 $1\mu\varepsilon$（1μV）的信号。

（2）高稳定度 1μV 放大器。由于有效地解决了直流放大器的零漂和噪声难题，本仪器的高技术指标得以实现，本放大器采用高精度、低失调电压、低温漂、低噪声的国外最新制造的器件，又采用独特设计的严格的调测工艺，使差动放大器两通道电流温漂抵消，确保在常温至 65℃ 的范围内小于 2μV 温漂，放大器的基极电流控制在 10NA 的极小范围内，而电源抑制和共模抑制比优于 120db。

（3）数字面板表。本仪器采用 4 倍半（± 19999），7 段 LED（发光二极管）数字面板表，最后一位为 1μV 显示。采样次数为 3 次/s，自动调整零点，过载时闪烁或全黑，并且具有自动转换的功能。

2. 使用方法

（1）按图接好应变片，使用公共补偿时，请接后面板公共补偿片端子，不用公共补偿片时必须拆除，其他测点一端接公共补偿端 B，另一端分别接 1～9 通道 A 端，不必将各通道 C 点短接。面板半桥、全桥开关置半桥位置即可测量。若接全桥

测量，每通道分别接 $ABCD$ 即可。

（2）切换通道有 LED 指示，如数显闪动，表明外桥接法有问题，或输入超过 $\pm 2000\mu\varepsilon$，如数显不稳表明贴片有问题，待数显稳定后，即可用小螺丝刀调指示灯下方多圈精密电位器，直至数显 0。

（3）本仪器灵敏系数调整设备在后面板右上方，按应变片出厂时标定的数值，将相应的拨码开关置于该灵敏系数为 ON 位置。注意不可将两开关同时置 ON 位置。

（4）如测量点超过 10 个点，请用外接切换箱 PS-20。这样可以同时测 20 个点的应变。

3.5 实 验 试 件

实验采用低碳钢扁试件进行实验，材料的屈服极限为 $\sigma_s = (185\sim235)\text{MPa}$。

3.6 实 验 原 理

由胡克定律表达式：

$$\sigma = E\varepsilon \tag{3.13}$$

则有

$$E = \frac{\sigma}{\varepsilon} \tag{3.14}$$

当加载方案确定后，根据试件的横截面积 A_0 和所加的荷载 F 即可计算应力 σ。

$$\sigma = \frac{F}{A_0} \tag{3.15}$$

由式（3.14）可知，只要测出材料在某一荷载 F 作用下的变形 ε，即可求出弹性模量 E。测定材料的泊松比 μ 时，可根据其定义直接测出。即

$$\mu = \left| \frac{\varepsilon'}{\varepsilon} \right| \tag{3.16}$$

式中：ε' 为材料在荷载作用下的横向应变；ε 为材料在荷载作用下的轴向应变。

为了尽可能地消除测量误差，提高测量精度，一般采用增量法加载。所谓增量法，就是将要加的最终荷载分成若干等份，逐级加载来测量试件的变形。

设试件的横截面面积为 A_0，各级荷载的增加量均相等且为 ΔF。

$$\Delta F = F_i - F_{i-1}$$

则应变增加量为

$$\Delta\varepsilon = \varepsilon_i - \varepsilon_{i-1} \tag{3.17}$$

故本次实验弹性模量的计算式为

$$E = \frac{\Delta\sigma}{\Delta\epsilon} \tag{3.18}$$

式中：$\Delta\sigma = \frac{\Delta F}{A_0}$。

泊松比的计算式为

$$\mu = \left| \frac{\Delta\epsilon'}{\Delta\epsilon} \right| \tag{3.19}$$

增量法可以验证力（荷载）与变形的线性关系，由于在弹性范围内进行实验，所以在各级荷载增量 ΔF 相等的情况下，相应地由应变仪测得的伸长增加量也大致相等，这就验证了胡克定律的正确性。

测弹性模量 E 时，利用上述逐级加载的方法，不仅可以验证胡克定律，还可以判断测读的数据有无错误。

3.7 实 验 步 骤

（1）试件准备：在实验段范围内，测量试件 3 个截面处的尺寸 b 与 h，取 3 处截面面积的平均值作为试件的横截面面积 A_0，如图 3.7 所示。

（2）拟定实验加载方案。

1）确定最大荷载 F_{max}。由于在比例极限内进行实验，故最大应力值不能超过比例极限。从而可确定出最大荷载 F_{max}（比例极限一般取屈服极限的 $70\% \sim 80\%$）。

由 $\sigma = \frac{F_{max}}{A_0} \leqslant \sigma_p = (70\sim80)\% \sigma_s$

可求得 F_{max}。

2）确定初荷载 F_0。由于实验开始时万能机及夹具具有不可避免的弹性变形，夹具与试件表面有微小的滑动，这些均影响读数的准确性。为了夹牢试件及消除上述影响，必须加一定的初荷载，按国家标准 GB/T 228.1—2010 中的规定，初荷载应力为试验机所用度盘量程的 10%，但不得小于试验机最大负荷的 4%。

3）确定分级加载的数量 N 及每级荷载的增加量 ΔF。根据所进行实验的重要性确定。一般

图 3.7　测弹性模量示意图

取 3~5 级加载。每级荷载的增加量相等且均为 ΔF，即

$$\Delta F = \frac{F_{max} - F_0}{N}$$

例如，$N=4$ 时就是分 4 级加载。

实验加载如下：

$$F_0；F_1 = F_0 + \Delta F；F_2 = F_1 + \Delta F；F_3 = F_2 + \Delta F \quad \cdots$$

（3）试验机准备：根据最大荷载 F_{max}，选用合适的测力度盘和相应的摆锤。调整测力指针，使其对准零点。

（4）安装试件：将试件装入万能机上下两夹具中，保证试件在受力时为轴向拉伸。

（5）接惠斯登电桥并调平衡，如图 3.8 所示。

（6）检查及试车：请教师检查以上完成情况。开动试验机，预加荷载须小于最大荷载值，然后卸载至初荷载以下，以检查试验机及电阻应变仪是否处于正常状态。

（7）进行实验。加载至初荷载 F_0，记录应变仪测得轴向应变值和横向应变值。然后分别加载至 F_1、F_2、F_3、$\cdots$。每加到一个荷载时，应分别测读出轴向和横向应变值，直到最终荷载为止。重复以上实验，重复次数以 3 次以上为宜。

（8）整理实验结果，作出实验报告。

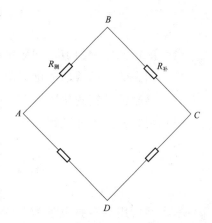

图 3.8 惠斯登半桥接线法

3.8 实验结果处理

（1）计算弹性模量：

$$E = \frac{\Delta\sigma}{\Delta\varepsilon}, \quad \Delta\sigma = \frac{\Delta F}{A_0}$$

（2）计算泊松比：

$$\mu = \left| \frac{\Delta\varepsilon'}{\Delta\varepsilon} \right|$$

（3）利用各向同性材料的 3 个弹性常数 E、G、μ 之间的关系，计算剪切弹性模量 G：

$$G = \frac{E}{2(1+\mu)}$$

第 4 章

扭转实验

4.1 实 验 目 的

(1) 测定低碳钢的剪切屈服极限 τ_s 及剪切强度极限 τ_b。

(2) 测定铸铁的剪切强度极限 τ_b。

(3) 绘制低碳钢的扭矩图 $(T-\varphi)$。

(4) 观察并比较低碳钢与铸铁材料的扭转破坏状况。

4.2 实 验 设 备

本实验所用的实验设备为 NDW-1000 微机控制电子式扭转试验机 (图 4.1)。

图 4.1 NDW-1000 微机控制电子式扭转试验机外形图

试验机工作条件如下:

(1) 在室温 20±10℃ 范围内,相对湿度≤80%。

(2) 在稳固的基础上放置。

（3）在周围无振动、无腐蚀性介质和无强电磁场干扰的清洁环境。

（4）电源电压的波动范围不应超过额定电压的±10%。

4.3　设备配套软件界面操作

4.3.1　主窗口

主窗口是程序的控制中心，它负责管理各个功能窗口和系统模式的切换，并显示试样的基本信息和实验控制状态信息，这个窗口始终位于屏幕最上面（图4.2）。

图4.2　主窗口界面

1. 菜单

（1）设置。

选择扭矩传感器：选择当前正在使用的扭矩传感器。

选择扭转计：选择当前正在使用的扭转计。

系统参数：返回和设置系统相关参数。

分析参数：返回和设置分析参数。

（2）调整。

扭矩传感器校准：校准和修正扭矩传感器。

扭矩传感器检定：检定扭矩传感器。

扭转计校准：校准和修正扭转计。

扭转计检定：检定扭转计。

横梁转角校准：校准横梁转角。

横梁转速校准：校准横梁转速。

控制参数调整：调整与控制相关的一些参数。

（3）工具。

压缩数据库：对存储数据的数据库进行压缩以减少冗余。

数据库导入导出：把数据库中的数据进行导入导出。

控制观察：直接观察控制调节过程的工具。

（4）窗口。

锁定：把所有子窗口锁定为一体。

浮动：所有子窗体可以自动浮动。

自动排列：所有子窗体随鼠标移动自动排列。

排列子窗口：以主窗口为中心，重新排列其他窗口。

移到屏幕左上角：界面移到屏幕左上角显示。

（5）帮助。

关于：显示执行程序版本和控制驱动类型、版本等相关信息。

2. 状态栏

显示实验过程中试样和控制的相关信息。状态栏分为左右两部分，左边显示当前控制相关的详细信息，如速度等；右边显示试样的相关信息，主要是试样面积和编号。

4.3.2　扭矩、扭角显示板

扭矩、扭角显示板界面如图 4.3 所示。

图 4.3　扭矩、扭角显示板界面

（1）负荷测量显示值：根据示值的大小自动规约，也可以单击鼠标右键根据需要进行选择。

（2）负荷测量峰值：当实验重新开始时，峰值会自动清零，也可点击峰值清零按钮清零。

（3）扭角显示值：根据示值的大小自动规约，也可以单击鼠标右键根据需要进行选择。

（4）破型判断按钮：按下此按钮，在实验过程中，力值如果满足试样破型的条件（参见"系统参数"菜单），系统会自动停止。如果按钮弹起，那么，即使满足破型判断条件，系统也不会自动停止，用户必须手动停机。

（5）测量值清零按钮：实验开始时，使用清零按钮清零。

实验中，当试样扭角较小时，扭角测量采用的是扭转测量信号，当转角较大时，为了避免损坏扭转计而必须将扭转计取下，在取下扭转计之前，必须选中这个按钮，如果设置了自动提示摘除扭转计，当满足条件后软件会自动选中。然后系统将用扭角测量信号作为变形量，自动衔接前面的扭转计测量值，从而保证测试曲线的完整性。

4.3.3 转角显示板

转角显示板界面如图4.4所示。

图4.4 转角显示板界面

4.3.4 曲线板

在实验工程中，曲线板界面（图4.5）实时显示测量曲线，在浏览历史数据时，同步显示对应的历史曲线；在分析时，提供用户在线分析的功能。

图4.5 曲线板界面

（1）曲线类型选择：单击鼠标右键，用户可根据需要选择观察其中的一种类型的曲线。

（2）曲线工具栏：曲线工具栏包含曲线观察和处理的工具。

前面4个按钮为一组工具，从左至右依次为扭矩-时间、扭角-时间、扭矩-扭角、扭矩-转角，每次只能选取一个，即选取其中的一个时，原来的按钮就会弹起。这4个工具在分析曲线时使用。

其他按钮介绍如下：

普通或对象选取方式：鼠标显示为普通的箭头形状，如果用户将鼠标移到某个曲线上的标志点上时，标志点标签变红，表明这个点已经被选中，用户可以按住鼠标左键拖动选中的点，同时按下鼠标右键，将弹出一个功能菜单，用户可以删除或微调当前标志点。

曲线定位方式：鼠标显示为十字光标，用户在曲线板上移动时，工具栏的位置将跟踪显示鼠标位置处的坐标值。

曲线移动方式，按住鼠标左键可以移动曲线。

放大曲线：鼠标显示为放大镜。按下鼠标左键，拖动选择一个矩形区域，然后松开鼠标，这时，曲线板将放大显示选择区域。

点击可以把曲线放大。

复原曲线坐标值。

打印当前显示类型的曲线：不同于"数据板"上的打印报告，这里仅打印曲线。

将显示的曲线另存为 BMP 位图格式文件，BMP 文件是 Windows 中一个很常见的图形文件，在 Word、Excel 等常用的办公自动化程序中都可以方便地插入。

可以分别对相应曲线的坐标进行精确设置。

改变曲线的采样频率。

（3）曲线类型页：曲线板上共分为实验曲线和对比曲线两页。其中，实验曲线页显示当前或历史数据相对应的单条曲线；对比曲线则可以显示当前或历史数据的组合对比曲线以便于观察和分析。

（4）曲线显示刻度值，随曲线的缩放和移动而改变。

4.3.5 控制板

（1）控制方式选择卡片，如图 4.6 所示。

| 转角 | 扭矩 | 扭角 | 程控 |

图 4.6 控制方式选择卡片

转角：闭环（开环）转角控制方式。
扭矩：闭环扭矩（应力）控制方式。
扭角：闭环扭角（应变）控制方式。
程控：可编程序控制方式。

（2）实验控制中心如图 4.7 所示。前面两个是"左旋"和"右旋"，后面两个按钮表示实验的"开始"和"停止"。"调整位置"按钮按下时，系统即认为是非实验状态，这时控制板界面也将有所变化（图 4.8），我们可通过"左旋"和"右旋"按钮来控制横梁（活塞）的移动。系统将自动回到转角显示为 0 的位置（可能左旋，也可能右旋，以上次位置为准），并自动停止。不管是左旋还是右旋，系统都不会记录曲线。

图 4.7　实验控制中心

图 4.8　控制板界面

（3）转角控制调整位置，如图 4.9 所示。在这个控制模式下，用户可以用鼠标直接选择转角速度，系统就会按照选择的转角速度来调整活塞（横梁）的位置，方向取决于按下"左旋"还是"右旋"。

图 4.9　转角控制调整位置界面

（4）转角速度，如图 4.10 所示。

图 4.10　转角速度界面

（5）扭矩速度，如图 4.11 所示。

图 4.11　扭矩速度界面

（6）扭角速度如图 4.12 所示。在扭矩速度挡位中选择一个速度，比如 10(N·m)/s，然后点击"预紧速度"按钮设置预紧速度，接着在扭矩保持目标输入框中输入目标值，如 100N·m，按回车键或按右边的"应用"按钮，接着再按下"开始"按钮，即开始实验。活塞会以 10(N·m)/s 的速度加载左旋，当扭矩值到达 100N·m，系统会自动保持在 100N·m。这时，用户可以输入新的目标值，应用后，系统会自动趋向新的目标值。目标值用户可以随时改变。用户可以输入为空来清除目标值。扭矩目标不能为 0。

图 4.12　扭角速度界面

（7）自定义程序控制。自定义程序控制模式下，系统将按照用户自己编制的程序进行控制。程序的编制和使用请参见"程序的编制和执行"，建议用户在充分理解的基础上使用。

4.3.6　数据板

（1）数据板窗口。数据是整个测量系统的核心，因为整个实验过程是以数据为中心进行的。从试件数据到测试数据，再到分析数据，这个过程显示都在数据板上体现。从系统菜单或工具栏都可以调出数据板。

（2）数据板工具栏。工具栏包含了数据操作的全部功能，包括新建、打开、保存、删除和打印实验数据。数据板工具栏如图 4.13 所示，从左到右依次说明如下：

图 4.13　数据板工具栏

快速新建：快速建立单个数据记录。

新建：建立单个或成批数据记录。

打开：依照特定的查询条件，调出历史数据。

保存为数据库格式：将测试曲线或者用户对数据的任何改动保存到数据库中。

保存为文件格式：以文本文件格式将测试曲线或者用户对数据的任何改动存盘。

删除当前记录：删除当前这条数据，删除的数据都无法恢复，请慎重操作。

删除全部打开的数据：将数据板上显示的所有数据全部删除，删除的数据都无法恢复，请慎重操作。

打印：将当前记录数据以设置好的报表格式打印输出。

（3）数据库显示定位按钮如图 4.14 所示。数据库显示和定位：图中的 1/6 中的 6 表示现在数据板上共打开了 6 条记录，1 表示现在数据板上显示的是第一条。用户可以按动左右箭头移动位置。

图 4.14　数据库显示定位按钮

4.3.7　分析板

分析板界面如图 4.15 所示。

图 4.15　分析板界面

实验完成以后，程序会自动分析测试曲线，从而得到分析结果，并在数据板中显示出来。而分析板记录了分析的过程，供用户查看。分析板提供了自动和手动两种分析模式。实验结束后，在曲线板上双击，分析板将自动出现。一般情况下，在实验结束时，系统将马上分析测试曲线，并将分析结果填充到数据板，而无需用户手工干预。如果自动分析不正确，那么，用户可以通过修改分析方法，然后再对曲线进行全面分析。分析的方法由用户在分析之前自行设定。如果用户要改变分析方法，可以点击"设置"菜单中的分析参数，将出现分析参数窗口（图 4.16）。用户可以根据具体试样，选择分析方法。分析完成后，实验所测试材料的物理性能参数所对应的点也将在曲线上标示出来，一方面，可以给用户一个直观的表示，另一方面，如果用户对自动分析的结果不是很满意，也可以直接通过定义、删除和移动标志点来重新分析实验结果。

图 4.16　分析参数窗口界面

4.4　实验过程软件操作流程及方法

4.4.1　选择实验类型

准备开始做实验时，如图 4.2 所示，点击工具栏上"数据板"，先选择实验类型。

4.4.2　输入试件信息

将待检的试件信息输入计算机。所有的试件信息和测试数据，SmartTest 程序都保存在同一个数据库文件中。在这个数据库中，一个实验数据保存为一条记录。如果把数据库文件当成一个巨大的数据表格的话，一条记录就相当于这个表格中的一行。而这个表格是可以不断加长的。

（1）试样信息输入区：用户在这里输入试样的一些相关信息，如图 4.17 所示。当然，也可以直接打开右边列表中保存的试样模板文件，而不用再一一输入。用鼠标点击模板名称，那么，这个模板所包含的试样内容就会直接填入。填完试样信息后，点击窗口中间的"新建"按钮，所填数据将拷贝到下面的试样信息数据缓冲区。用户可以开始下一个试样信息的输入。

图 4.17　输入试样信息界面

（2）新建：将数据从输入区拷贝到输入缓冲区，此时，试样数据还没有保存到数据库中，用户在数据缓冲区还可以根据实际情况更改试样内容。

（3）成批新建：前面两个步骤说明了一次输入一个试样信息的过程。在很多时候，试样都是成批的，而对于同一批试样，其形状特性都是相同的，不同的只是编号。针对这种情况，系统可以一次产生同种类型（同批号）不同编号的试样信息数据，并填充到数据缓冲区。点击"成批新建"按钮，将出现一个窗口（图 4.18）。利用它可以帮助用户提高输入试样数据时的效率。

图 4.18　成批新建界面

（4）试样模板名称列表（图 4.19）：任何一个试样模板都记录了一个特定试样的基本信息，用户可以将任何一种试样及其相关信息保存为一个试样模板，这样在下次实验处理同样的试样时，直接打开（用鼠标直接选择试样模板名称）相应的模板，系统就会将试样信息自动填入。例如，如果用户现在测试的是直径为 20mm 的圆钢材，可以先将一根试样的信息填入试样数据输入区。然后选择试样模板名称列表下面的"保存为"按钮，将出现一个对话框，用户可以在这个对话框中输入模板名称，一般情况下，可以取一个有意义的名称，如"圆材 20"，这样，从名称上就知道它对应了直径为 20mm 圆形试样的信息。以后，如果测试直径为 20mm 的圆形试样，只需用鼠标点取试样模板列表中的"圆材 20"，这个模板所包含的信息就会自动调入，然后只需稍作修改即可。

批号	编号	材质	规格	试验日期	形丬
mytest	1	a	b	2010-9-15	圆木
mytest	2	a	b	2010-9-15	圆木
mytest	3	a	b	2010-9-15	圆木

新建　成批新建　删除

图 4.19　试样列表界面

（5）试样信息数据缓冲区：为了便于用户一次输入多种不同类型试样数据，系统先将已输入的试样数据填充到这个区域。用户可以在这里检查数据的准确性后再保存到数据库。可用下面两个按钮对输入的数据进行修改和删除：

修改：用鼠标双击要修改的数据区域，修改后再按回车键即可。

删除：用鼠标选择要删除的数据行，然后点击"删除"按钮即可。

确定：将数据缓冲区的数据保存到数据库，并且将它们添加到数据板，同时关闭新建窗口。

4.4.3　打开历史数据

前面说明的是用户新建完试样记录，马上开始实验的情况，但是，也可能出现这样一种情况，即用户在上午一次性将所有要测试的试样记录全部新建完毕后，上午完成了一部分的测试工作，下午要继续上午没有完成的测试。而试样信息在上午已经全部输入，下午测试的第一步就是将上午输入了但还没有测试的试样信息打开。点击数据板上的"打开"按钮，将出现打开窗口（图 4.20），可以根据 3 个不同的条件打开试样数据：批号、实验日期和实验人，在这 3 个条件的同时，用户还可以选择全部显示或只显示完成或没有完成的试样记录。输入打开条件并确定后，系统将选择数据填入数据板。用户可显示数据板查看数据，打开的数据也许有很多，用户最后还必须在数据板选择准备实验的试样。

图 4.20　打开记录集界面

如果用户要查询历史数据，操作的方法也是一样的。

4.4.4　实验操作

试件信息调入数据板后，如果只有一个试件，那么，用户不必选择要测试的试件，如果用户新建了很多试件信息，在开始实验之前，用户必须定位将要测试的试件记录。比如说，用户新建了 10 根试件记录以后（编号为 000～009），从这 10 根试件中随便拿了一根，编号为 006，那么，用户这时必须在数据板上移动数据记录，直到显示编号为 006 的试件记录。找到编号为 006 的试件后，用户可以先将数据板关闭，避免影响别的窗口显示。操作步骤如下：

（1）检查试验机夹头是否与试件配合。

（2）安装试件：先将试件一端装在固定夹头中，向左移动活动车头，将试件另一端插入加载夹头中。

（3）电动加载：利用离合器杆可使加载夹头具有 4 种转速：$7°/\min$、$21°/\min$、$60°/\min$、$180°/\min$。电动加载时，先将离合器杆调到所用的转速位置上，按下开关按钮（"正向"、"反向"均可），开动电动机通过变速箱、齿轮箱等传动系统，使加载夹头顺时针（或逆时针）转动，试件便产生扭转变形。

试件受力后，固定夹头就会旋转一个不大的角度（不超过 $2°7'$），与固定夹头固结在一起的大杠杆也就跟着旋转，无论这种旋转是顺时针的还是逆时针的，通过反向杠杆，总使拉杆下行。拉杆下行的结果，一方面扬起摆锤来平衡加载夹头加在试样上的力偶，使试件受到扭矩的作用，另一方面带动拨杆、推杆，使指针旋转，从而在表盘上显示试样所受的扭矩。如所加扭矩超过了所用的测力量程，则扬起的摆杆上的一个弹簧片就会使限位开关启动，切断电源，自动停车。

实验注意事项：

（1）一旦试件受到扭矩作用，即测力指针走动之后，就不允许改变量程。

（2）在实验时，不得触动活动车头。

（3）如发现异常现象，应立即停车，及时报告指导教师。

4.4.5　结果保存

当一次测试完成停止后，正常情况下，程序会自动分析数据，并自动保存实验曲线和分析结果。

4.4.6　数据分析

实验结束时，系统会自动分析实验曲线，在实验曲线上标出各标志点，同时，将分析结果发送到数据板，这时，用户可以直接在数据板看到分析结果。如果自动分析不能满足用户的要求，用户就必须人工分析数据，也可以等所有的试件实验完成以后再统一分析。

4.4.7　报告打印

实验数据分析完毕后，接下来就可以打印实验数据了。我们先显示数据板，它的工具栏上有个打印按钮，选择它，就可以将当前实验曲线和分析结果等实验数据打印出来。

（1）点击"数据板"打印图标，将出现报表打印界面（图 4.21），选择合适的报表打印模板，按下"打印"按钮就可以打印输出报告。

图 4.21　报表打印界面

（2）如果报表打印模板列表为空，可以点击"新建"按钮来创建报告。

（3）报告的新建和编辑界面提供了用户尽可能多的灵活度，用户如果理解了定义的规则，就可以定义出合乎要求的报表来。进入新建或编辑界面（图4.22），我们一一说明：

图4.22 报告新建和编辑界面

可选项目：界面左上角列表框为可选项目列表。可选项目实际就是数据库中存放数据的名称，用户很容易从它的名称看出它对应的数据内容，用户选择报表中需要的项目（可以一次多选），然后按下"添加"按钮，这些项目将添加到右边的报表项目列表框中。

报表项目：报表项目列表框中有3列，其中第2列"项目名称"对应了左边可选项目列表中的名称，而第1列"项目标题"是实际打印内容，项目标题应该比项目名称更详细和直观。程序在添加项目时会自动给出"项目标题"，用户可以自行更改，只需用鼠标双击需要更改的项目就会出现一个修改输入框，修改后按回车键确认即可。

当然，对于添加的项目，用户还可以点击"删除"按钮删除，也可以点击"上移"和"下移"按钮调节项目的打印位置。

打印报表时，缺省为一行打印两个项目，数据内容最多容纳9个汉字（相当于18个数字和字母），如果一项数据内容超出这个范围，我们可以指定它单独占一行，即设置它为通栏（通栏最多可以容纳29个汉字，相当于58个数字和字母）。

选择项目，然后点击列表上方的通栏确认框，这一行就指定为通栏打印。

标题分为主标题（第一行）和副标题（第二行），如果不输入，打印时就没有标题。

一般的实验报告包含数据和曲线两部分，用户可以自己决定是否打印曲线，如果打印曲线，就必须指定打印曲线类型，目前支持的曲线类型为扭矩-扭角度、应力-应变、扭矩时间、扭矩-转角和扭角-时间中的任一种，同时必须指定曲线的打印高度。

备注中可以简要地说明这个报表的特点，在报表模板文件比较多时，适当的说明将很有帮助。

高级设置中包含了报表的通用设置，除特别需要，用户请勿改动。

4.5　实　验　原　理

本实验采用圆形截面试件。

将试件装在扭转试验机上，开动机器，给试件施加扭矩。利用扭转机上的自动绘图装置可以自动绘出大致的 T-φ 曲线。T-φ 曲线也叫扭矩图。低碳钢试件的 T-φ 曲线如图 4.23 所示。

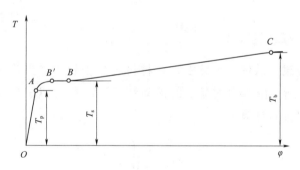

图 4.23　低碳钢扭矩图

图中起始直线段 OA 表示试件在这阶段中的 T 与 φ 成比例，截面上的剪应力呈线性分布，如图 4.24（a）所示。在 A 点处，T 与 φ 的比例关系开始破坏，此时截面周边上的剪应力达到了材料的剪切屈服极限 τ_s，故试件仍具有承载能力，T-φ 曲线呈继续上升的趋势。

扭矩超过 T_p 后，截面上的剪应力分布发生变化，如图 4.24（b）所示。在截面上出现了一个环状塑性区，并随着 T 的增长，塑性区逐步向中心扩展，T-φ 曲线稍微上升至 B' 点。然后随着 T 的继续增大，直至 B 点，曲线一直平坦，截面上各点材料完全达到屈服，扭矩度盘上的指针几乎不动或摆动，此时测力度盘上指示出的扭矩或指针摆动的最小值即为屈服扭矩 T_s，如图 4.24（c）所示。

$T_n < T_p$时 　　　$T_p < T_n < T_s$时 　　　$T_n = T_s$时

（a）　　　　　　（b）　　　　　　（c）

图 4.24　截面上剪应力分布图

根据静力学平衡条件，可求得 τ_s 和 T_s 的关系为

$$T_s = \int \rho_s \tau_s \mathrm{d}A$$

又由于 $\mathrm{d}A = 2\pi\rho\mathrm{d}\rho$，所以有

$$T_s = 2\pi\tau_s \int_0^{\frac{d}{2}} \rho^2 \mathrm{d}\rho = \frac{\pi d^3}{12}\tau_s = \frac{4}{3}W_p\tau_s$$

故剪切屈服极限 τ_s 的计算公式为

$$\tau_s = \frac{3}{4}\frac{T_s}{W_p} \tag{4.1}$$

式中：W_p 为扭矩截面模量，$W_p = \dfrac{\pi d^3}{16}$。

继续给试件加载，试件再继续变形，材料进一步强化。当达到 $T-\varphi$ 曲线上的 C 点时，试件被剪断。由测力度盘上的被动针可读出最大扭矩 T_b，与式（4.1）相似，可得剪切强度极限计算式为

$$\tau_b = \frac{3}{4}\frac{T_b}{W_p} \tag{4.2}$$

铸铁的 $T-\varphi$ 曲线如图 4.25 所示。从开始受扭直到破坏，近似为一直线，按弹性应力公式，其剪切强度极限：

$$\tau_b = \frac{T_b}{W_p} \tag{4.3}$$

试件受扭，材料处于纯剪切应力状态，在垂直于杆轴和平行于杆轴的各平面上作用着剪应力，而与杆轴线成 45°角的螺旋面上，则分别只作用着 $\sigma_1 = \tau$、$\sigma_3 = -\tau$ 的正应力，如图 4.26 所示。由于低碳钢的抗拉能力高于抗剪能力，故试件沿横截面剪断，而铸铁的抗拉能力低于抗剪能力，故试件从表面上某一最弱处，沿与轴线成 45°方向拉断成一螺旋面。

图 4.25 铸铁扭矩图　　图 4.26 试件受扭应力分布图

4.6 实 验 步 骤

（1）用游标卡尺测量试件直径，求出抗扭截面模量 W_p。在试件的两端及中央共取 3 个截面，每处在纵横方向各测一次，取平均值作为该处直径，取 3 处直径最小者，作为试件直径 d，并据此计算 W_p。

（2）根据求出的 W_p，依据试件材料的 τ_b，求出大致需要的最大荷载，确定扭转机的量程。

（3）将试件两端装入扭转机的夹头内，调整好绘图装置，将指针对准零点，并将测角度盘调整到 0。

（4）用笔在试件表面上画一纵向线，以便观察试件的扭转变形情况。

（5）对于低碳钢试件，可以先用手动（或慢速电动机加载）缓慢而均匀地加载，当测力指针前进速度渐渐减慢以至停留不动，这时表明的值就是 T_s（注意：指针停止不动的瞬间很短，须留心观察）。然后卸掉手摇柄，用电动加载（或换为快速电动加载）直至试件破坏并立即停车。记下被动指针所指的最大扭矩，注意观察测角度盘的读数。

（6）铸铁试件的实验步骤与低碳钢相同，可直接用电动加载，记录试件破坏时的最大扭矩值。

第5章

等强度梁实验

5.1 实 验 目 的

（1）学习应用应变片组桥，检测应力的方法。

（2）验证变截面等强度实验。

（3）掌握用等强度梁标定灵敏度的方法。

（4）学习静态电阻应变仪的使用方法。

5.2 实 验 仪 器

图 5.1　等强度梁实验装置

1—紧固螺钉；2—紧固盖板；3—台架主体；4—手轮；

5—蜗杆升降机构；6—拉压力传感器；7—压头；8—等强度梁

（1）等强度梁的正应力的分布规律实验装置如图 5.1 所示。

（2）等强度梁的安装与调整。在图 5.1 所示位置处，将拉压力传感器 6 安装在蜗杆升降机构 5 上拧紧，顶部装上压头 7；摇动手轮 4 使之降到适当位置，以便不妨碍等强度梁的安装；将等强度梁如图放置，调整梁的位置使其端部与紧固盖板 2 对齐，转动手轮使压头 7 与梁的接触点落在实验梁的对称中心线上。调整完毕，将紧固螺钉 1（共 4 个）用扳手全部拧紧。

注意：实验梁端部未对齐或压头接触点不在实验梁的对称中心线上，将导致实验结果有误差，甚至错误。

（3）等强度梁的贴片：R_1、R_2、

R_3 贴片分别位于梁水平上平面的纵向轴对称中心线上，R_1、R_3 贴片在 R_2 贴片左右对称分布，如图 5.2 所示。

图 5.2　等强度梁贴片

5.3　实　验　原　理

5.3.1　电阻应变测量原理

电阻应变测试方法是用电阻应变片测定构件的表面应变，再根据应变-应力关系（电阻-应变效应）确定构件表面应力状态的一种实验应力分析方法。这种方法是以粘贴在被测构件表面上的电阻应变片作为传感元件，当构件变形时，电阻应变片的电阻值将发生相应的变化，利用电阻应变仪将此电阻值的变化测定出来，并换算成应变值或输出与此应变值成正比的电压（或电流）信号，由记录仪记录下来，就可得到所测定的应变或应力。

5.3.2　电阻应变片

电阻应变片一般由敏感栅、引线、基底、覆盖层和黏结剂组成，图 5.3 所示为其基本构造示意图。

5.3.3　测量电路原理

通过在试件上粘贴电阻应变片，可以将试件的应变转换为应变片的电阻变化，但是通常这种电阻变化是很小的。为了便于测量，需将应变片的电阻变化转换成电压（或电流）信号，再通过电子放大器将信号放大，然后由指示仪或记录仪指示出应变值。这一任务是由电阻应变仪来完成的。而电阻应变仪中电桥的作用是将应变

图 5.3　电阻应变片基本构造示意图

片的电阻变化转换成电压（或电流）信号。电桥根据其供电电源的类型可分为直流电桥和交流电桥，下面以直流电桥为例来说明其电路原理。

1. 电桥的平衡

测量电桥如图 5.4 所示，电桥各臂 R_1、R_2、R_3、R_4 可以全部是应变片（全桥式接法），也可以部分是应变片，其余为固定电阻，如当 R_1、R_2 为应变片，R_3、R_4 接精密无感固定电阻时，称为半桥式接法。

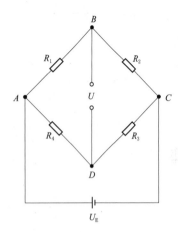

图 5.4 测量电桥

桥路 AC 端的供桥电压为 U_E，则在桥路 BD 端的输出电压为

$$U = \left(\frac{R_1}{R_1+R_2} - \frac{R_4}{R_3+R_4}\right)U_E = \frac{R_1R_3 - R_2R_4}{(R_1+R_2)(R_3+R_4)}U_E$$

(5.1)

由式（5.1）可知，当桥臂电阻满足 $R_1R_3 = R_2R_4$ 时，电桥输出电压 $U = 0$，称为电桥平衡。

2. 电桥输出电压

设起始处于平衡状态的电桥各桥路（应变片）的电阻值都发生了变化，即

$$R_1 \to R_1 + \Delta R_1, R_2 \to R_2 + \Delta R_2, R_3 \to R_3 + \Delta R_3, R_4 \to R_4 + \Delta R_4$$

此时电桥输出电压的变化量为

$$\Delta U \approx \frac{\partial U}{\partial R_1}\Delta R_1 + \frac{\partial U}{\partial R_2}\Delta R_2 + \frac{\partial U}{\partial R_3}\Delta R_3 + \frac{\partial U}{\partial R_4}\Delta R_4 \qquad (5.2)$$

可进一步整理为

$$\Delta U \approx \left[\frac{R_1R_2}{(R_1+R_2)^2}\left(\frac{\Delta R_1}{R_1} - \frac{\Delta R_2}{R_2}\right) + \frac{R_3R_4}{(R_3+R_4)^2}\left(\frac{\Delta R_3}{R_3} - \frac{\Delta R_4}{R_4}\right)\right]U_E \qquad (5.3)$$

对以下常用的测量电路，该输出电压的变化可作进一步简化：

$$\Delta U \approx \frac{U_E}{4}\left(\frac{\Delta R_1}{R_1} - \frac{\Delta R_2}{R_2} + \frac{\Delta R_3}{R_3} - \frac{\Delta R_4}{R_4}\right) \qquad (5.4)$$

（1）全等臂电桥。在上述电桥中，各桥臂上的应变片的起始电阻值全相等，灵敏系数 K 也相同，于是，以 $\Delta R_n/R_n = K\varepsilon_{(n)}$ 代入式（5.4），得

$$\Delta U \approx \frac{KU_E}{4}(\varepsilon_{(1)} - \varepsilon_{(2)} + \varepsilon_{(3)} - \varepsilon_{(4)}) \qquad (5.5)$$

（2）半等臂电桥。当 R_1、R_2 为起始电阻值和灵敏系数 K 都相同的应变片，R_3、R_4 接精密无感固定电阻，此时：

$$\Delta U \approx \frac{U_E}{4}\left(\frac{\Delta R_1}{R_1} - \frac{\Delta R_2}{R_2}\right) = \frac{KU_E}{4}(\varepsilon_{(1)} - \varepsilon_{(2)}) \qquad (5.6)$$

（3）1/4 电桥。当 R_1、R_2 起始电阻值相同，R_1 为灵敏系数 K 的应变片，R_2、R_3、R_4 接精密无感固定电阻，此时：

$$\Delta U \approx \frac{U_E}{4} \frac{\Delta R_1}{R_1} = \frac{K U_E}{4} \varepsilon_{(1)} \tag{5.7}$$

3. 电桥电路的基本特性

（1）在一定的应变范围内，电桥的输出电压 ΔU 与各桥臂电阻的变化率 $\Delta R/R$ 或相应的应变片所感受的（轴向）应变 $\varepsilon_{(n)}$ 呈线性关系。

（2）各桥臂电阻的变化率 $\Delta R/R$ 或相应的应变片所感受的应变 $\varepsilon_{(n)}$ 对电桥输出电压的变化 ΔU 的影响是线形叠加的，其叠加方式为相邻桥臂异号，相对桥臂同号。

充分利用电桥的这一特性不仅可以提高应变测量的灵敏度及精度，还可以解决温度补偿等问题。

（3）温度补偿片。温度的变化对测量应变有一定的影响，消除温度变化的影响可采用以下方法。实测时，把粘贴在受载荷构件上的应变片作为 R_1，以相同的应变片粘贴在材料和温度都与构件相同的补偿块上，作为 R_2，以 R_1 和 R_2 组成测量电桥的半桥，电桥的另外两臂 R_3 和 R_4 为测试仪内部的标准电阻，则可以消除温度影响。

利用这种方法可以有效地消除温度变化的影响，其中作为 R_2 的电阻应变片就是用来平衡温度变化的，称为温度补偿片。

5.4 实 验 步 骤

（1）将等强度梁安装于实验台上，注意加载点要位于等强度梁的轴对称中心上。

（2）将传感器连接到 BZ2208 - A 测力部分的信号输入端，将梁上应变片的导线分别接至应变仪任 1～3 通道的 A、B 端子上，公共补偿片接在公共补偿端子上，检查并记录各测点的顺序。

（3）打开仪器，设置仪器的参数、测力仪的量程和灵敏度。

（4）本实验取初始载荷 $F_0 = 20N$，$F_{max} = 100N$，$\Delta F = 20N$，以后每增加载荷 20N，记录应变读数 ε_i，共加载 5 级，然后卸载。再重复测量，共测 3 次。取数值较好的一组，记录到数据列表中。

（5）未知灵敏度的应变片的简单标定：沿等强度梁的中心轴线方向粘贴未知灵敏度的应变片，焊接引出导线并将引出导线接 4 通道的 A、B 端子，重复以上（3）、（4）步。

（6）实验完毕，卸载。实验台和仪器恢复原状。

第 6 章

纯弯曲梁实验

6.1 实 验 目 的

（1）测定梁在纯弯曲时横截面上的应力大小及其分布情况。

（2）观察梁在纯弯曲情况下所表现的胡克定律，从而判断平面假设的正确性。

（3）进一步熟悉电测静应力实验的原理并掌握其操作方法。

（4）实验结果与理论值比较，验证弯曲正应力公式 $\sigma = My/I_z$ 的正确性。

（5）测定泊松比 μ。

6.2 实 验 设 备 和 工 具

1. 实验设备

组合实验台中纯弯曲梁实验装置，其装置如图 6.1 所示；XL2118 系列静态电阻应变仪；游标卡尺。

2. 纯弯梁的安装与调整

在图 6.1 所示位置处，将拉压力传感器 9 安装在蜗杆升降机构 8 上拧紧，将支座 2（两个）放于如图所示的位置，并对于加力中心成对称放置，将加力杆接头 4（两对）与加力杆 5（两个）连接，分别用销子 3 悬挂在纯弯梁上，再用销子把加载下梁 11 固定于图上所示位置，调整加力杆的位置使两杆都成铅垂状态并关于加力中心对称。摇动手轮 7 使传感器升到适当位置，将压头 10 放至

图 6.1　纯弯曲梁实验装置

1—纯弯梁；2—支座；3—销子；4—加力杆接头；
5—加力杆；6—台架主体；7—手轮；8—蜗杆升降机构；
9—拉压力传感器；10—压头；11—加载下梁

图 6.1 中所示位置，压头的尖端顶住加载下梁中部的凹槽，适当摇动手轮使传感器端部与压头稍稍接触。检查加载机构是否关于加载中心对称，如不对称应反复调整。

注意：实验过程中应保证加载杆始终处于铅垂状态，并且整个加载机构关于中心对称，否则将导致实验结果有误差，甚至错误。

3. 纯弯梁的贴片

为了测量梁在纯弯曲时横截面上正应力的分布规律，在梁的纯弯曲段沿梁侧面不同高度，平行于轴线贴有应变片如图 6.2 所示。实验可采用半桥单臂、公共补偿、多点测量方法。加载采用增量法，即每增加等量的载荷 ΔF，测出各点的应变增量 $\Delta \varepsilon_{i\text{实}}$，然后分别取各点应变增量的平均值 $\Delta \varepsilon_{\text{平}}$，依次求出各点的应力增量，将实测应力值与理论应力值进行比较，以验证弯曲正应力公式。

图 6.2 纯弯梁贴片图（R_4、R_5 在梁的上、下表面）

为此，采用如下贴片方式：R_5、R_4 分别位于梁水平上、下表面的纵向轴对称中心线上，R_1 位于梁的中性层上，R_2、R_3 片分别位于距中性层和梁的上下边缘相等的纵向轴线上。

4. 实验接线方法

实验接桥采用 1/4 桥（半桥单臂）方式，应变片与应变仪组桥接线方法如图 6.3 所示。使用弯曲梁上的 R_1、R_2、R_3、R_4 及 R_5 应变片（即工作应变片）分别连接到应变仪测点的 B/C 之间，温度补偿应变片连接到第一通道（即 CH1）的 C/D 之间，对应通道下方的编码开关的 2 和 3 拨到 ON 的位置，将所有连接应变片导线的螺钉旋紧，如图 6.3 所示。

图 6.3 接桥方式图

6.3 实 验 原 理

本实验是在一根用低碳钢制成的矩形截面简支梁上进行的，当梁受集中力作用时，测定纯弯曲梁的正应力大小及其分布规律。应变片的粘贴位置如图 6.2 所示。这样可以测量试件上下边缘、中性层及其他中间点的应变，便于了解应变沿截面高度变化的规律。梁的受力如图 6.4 所示，其原始参数列于表 6.1。

图 6.4 纯弯曲实验装置简图

表 6.1　　　　　　　　　　　　　　　原 始 参 数 表

| 材料 | 弹性模量 /GPa | 几何参数 | | | 应变片参数 | | 应变仪灵敏 系数 $K_{仪}$ |
		b/cm	h/cm	a/cm	灵敏系数 $K_{片}$	电阻值 /Ω	
碳钢	210	2.0	4.0	10.0	2.00	120	2.0

如图 6.5 所示，设作用在附梁的荷载为 F，则作用于梁 C、D 处的荷载各为 $F/2$。由内力图可知 CD 段上的剪力 F_Q 等于 0，弯矩 $M = \dfrac{F}{2}a$。由此可见，CD 段受纯弯曲作用。

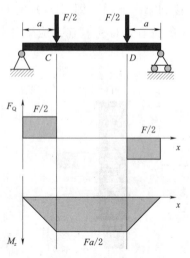

图 6.5 纯弯梁内力图

在 CD 段内任选的一个截面上，离中性层不同高度处，沿着平行于梁的轴线方向粘贴 5 个工作应变片，每片相距 $h/4$，在与梁相同材料不受力的钢片上贴上温度补偿片 $R_{补}$。梁受载后，由材料力学中梁受纯弯曲时的正应力公式可知，梁的弯曲正应力为

$$\sigma = \frac{M \cdot y}{I_z} \qquad (6.1)$$

式中：M 为作用于横截面上的弯矩值，$M = \dfrac{F}{2}a$；I_z 为横截面对中性轴的惯性矩，$I_z = \dfrac{bh^3}{12}$；y 为中

性轴到求应力点的距离。

1、5 点：$\qquad\qquad y = \dfrac{h}{2}$

2、4 点：$\qquad\qquad y = \dfrac{h}{4}$

3 点：$\qquad\qquad y = 0$

为了便于检验实验结果的线性度，实验时仍采用"增量法"加载，即每增加一级等量的荷载 ΔF，测一次 1～5 点的应变增量 $\Delta \varepsilon$，然后取应变增量的平均值 $\Delta \varepsilon_{实}$，依次求出各点的实际应力增量 $\Delta \sigma_{实}$。

$$\Delta \sigma_{实} = E \cdot \Delta \varepsilon_{实} \qquad\qquad (6.2)$$

式中：E 为梁材料的弹性模量。由式（6.1）得到理论应力增量：

$$\Delta \sigma_{理} = \frac{\Delta M \cdot y}{I_z}, \ \Delta M = \frac{1}{2}\Delta F \cdot a \qquad\qquad (6.3)$$

进行比较，求出截面上各点应力理论值与实验值的相对误差。其计算式为

$$\eta = \frac{\Delta \sigma_{理} - \Delta \sigma_{实}}{\Delta \sigma_{理}} \times 100\% \qquad\qquad (6.4)$$

以验证弯曲正应力公式的正确性。

材料的弹性模量 E 值和泊松比 μ 值可以通过（6.5）得到：

$$E = \frac{\Delta F}{\Delta \varepsilon_{纵} A}, \ \mu = \left| \frac{\Delta \varepsilon_{横}}{\Delta \varepsilon_{纵}} \right| \qquad\qquad (6.5)$$

材料力学中还假设梁的纯弯曲是单向应力状态，为此可在梁上（或下）表面横向粘贴另外应变片，可测出 ε，从而得到梁材料的弹性模量及泊松比。

6.4 实 验 步 骤

（1）设计好本实验所需的各类数据表格。

（2）测量矩形截面梁的宽度 b 和高度 h、载荷作用点到梁支点距离 a 及各应变片到中性层的距离 y_i。

（3）拟定加载方案。可先选取适当的初载荷 F_0，估算 F_{max}（该实验载荷范围 $F_{max} \leqslant 4000\text{N}$），分 4～6 级加载。

（4）根据加载方案，调整好实验加载装置。

（5）按实验要求接好线，调整好仪器，检查整个测试系统是否处于正常工作状态。

（6）加载。均匀缓慢加载至初载荷 F_0，记下各点应变的初始读数；然后分级等增量加载，每增加一级载荷，依次记录各点电阻应变片的应变值 $\varepsilon_{i实}$，直到最终

载荷。实验至少重复两次。

（7）做完实验后，卸掉载荷，关闭电源，整理好所用仪器设备，清理实验现场，将所用仪器设备复原，实验资料交指导教师检查签字。

6.5 注 意 事 项

（1）测试仪未开机前，一定不要进行加载，以免在实验中损坏试件。

（2）实验前一定要设计好实验方案，准确测量实验计算用数据。

（3）加载过程中一定要缓慢加载，不可快速进行加载，以免超过预定加载荷载值，造成测试数据不准确，同时注意不要超过实验方案中预定的最大荷载以免损坏试件，该实验最大荷载 4000N。

（4）实验结束，一定要先将荷载卸掉，必要时可将加载附件一起卸掉，以免误操作损坏试件。

（5）确认荷载完全卸掉后，关闭仪器电源，整理实验台面。

第 7 章

弯扭组合梁实验

7.1 实 验 目 的

(1) 验证薄壁圆管在弯扭组合变形下主应力大小及方向的理论计算公式。

(2) 测定圆管在弯扭组合变形下的弯矩和扭矩。

(3) 掌握通过桥路的不同连接方案消扭测弯、消弯测扭的方法。

7.2 实 验 设 备

(1) 弯扭组合梁的正应力的分布规律实验装置如图 7.1 所示。

(2) 弯扭组合梁的安装与调整。该装置用的试件采用无缝钢管制成一空心轴，外径 $D=40.5\text{mm}$，内径 $d=36.5\text{mm}$，$E=206\text{GPa}$，如图 7.2 所示，根据设计要求初载 $\Delta F \geqslant 0.3\text{kN}$，终载 $F_{\max} \leqslant 1.2\text{kN}$。

实验时将拉压力传感器 7 安装在蜗杆升降机构 8 上拧紧，顶部装上钢丝接头 6。观察加载中心线是否与扇形加力架相切，如不相切调整紧固螺钉 1（共 4 个），调整好后用扳手将紧固螺钉拧紧。将钢丝 5 一端挂入扇形加力杆 4 的凹槽内，摇动手轮 9 至适当位置，把钢丝的另一端插入传感器上方的钢丝接头内。

注意：扇形加力杆不与加载中心线相切，将导致实验结果有误差，甚至错误。

(3) 弯扭组合梁的贴片。

图 7.1　弯扭组合梁实验装置

1—紧固螺钉；2—固定支座；3—薄壁圆筒；
4—扇形加力杆；5—钢丝；6—钢丝接头；
7—拉压力传感器；8—蜗杆升降机构；
9—手轮；10—台架主体

图 7.2　弯扭组合梁实物图

注意：R_1 贴片位于梁的上边缘弧面上，R_2 贴片位于梁中轴层上，均为 45° 应变花，如图 7.3 所示。

（a）贴片位置 　　　　　　　　　　　　　（b）布片位置

图 7.3　弯曲组合图贴片

7.3 实 验 原 理

7.3.1　主应力理论值计算

由图 7.4 可以看出，A 点单元体承受由 M 产生的弯曲应力 σ_x 和由扭矩 T 产生的剪应力 τ 的作用。B 点单元体处于纯剪切状态，其剪应力由扭矩 T 产生。这些应力可根据下列公式计算。

$$\sigma_x = \frac{|M|}{W_z} \tag{7.1}$$

$$W_z = \frac{\pi D^3}{32}(1-\alpha^4) \tag{7.2}$$

式中：W_z 为抗弯截面模量；α 为空心比，$\alpha = \dfrac{d}{D}$。

$$\tau = \frac{T}{W_p} \tag{7.3}$$

$$W_p = \frac{\pi D^3}{16}(1-\alpha) \tag{7.4}$$

图 7.4　试样受力图（尺寸单位：mm）

$a=250$
$b=260$
$D=55$
$d=51$

从而得到 A 点的主应力：

$$\left.\begin{aligned}
\sigma_1 &= \frac{\sigma_x}{2} + \sqrt{\left(\frac{\sigma_x}{2}\right)^2 + \tau_{xy}^2} \\
\sigma_3 &= \frac{\sigma_x}{2} - \sqrt{\left(\frac{\sigma_x}{2}\right)^2 + \tau_{xy}^2} \\
\alpha &= \frac{1}{2}\arctan\frac{-2\tau_{xy}}{\sigma_x}
\end{aligned}\right\} \tag{7.5}$$

B 点的主应力：

$$\left.\begin{aligned}
\sigma_1 &= \tau_{xy} \\
\sigma_3 &= -\tau_{xy} \\
\alpha &= 45^\circ
\end{aligned}\right\} \tag{7.6}$$

　　从上面分析知 A 点、B 点的主应力可以通过图 7.5 描述，在试件的 A 点、B 点上分别粘贴一个三向应变片，如图 7.6 所示，且有 $\tau=\tau_{xy}$ 就可以测出各点的应变值，并进行主应力的计算。

图 7.5　单元体　　　　　　　　　图 7.6　应变片的布置

7.3.2 主应力的测量

1. 主方向未知

图 7.4 中的薄壁圆筒同时承受着弯曲和扭转的作用，其表面各点由于没有外力的作用故处于平面应力状态。它们的主应力大小和方向是随各点的所在位置以及荷载大小的不同而改变的。设由图 7.4 的 A 点周围取一单元体。

由应力状态知，若已知该点的应变分量 ε_x、ε_y、γ_{xy}，则利用广义胡克定律就可以求出该点的应力分量 σ_x、σ_y、τ_{xy}，从而利用二向应力状态分析解析式中有关公式解决其主应力和主方向的计算问题。

由此可见，要用实验方法确定某一点的主应力大小和方向，一般只要能测得某一点的 3 个应变分量 ε_x、ε_y、γ_{xy} 即可。然而，测定线应变 ε 比较容易，但剪应变 γ_{xy} 的测量却很困难。因此用电测法测定主应力就需要讨论一些有关的实验原理。

假设已知一点处的 ε_x、ε_y，γ_{xy}，则该点处任一指定方向 α 的线应变 ε_α 可由下式计算：

$$\varepsilon_\alpha = \frac{\varepsilon_x + \varepsilon_y}{2} + \frac{\varepsilon_x - \varepsilon_y}{2}\cos 2\alpha - \frac{\gamma_{xy}}{2}\sin 2\alpha \tag{7.7}$$

当构件上的测点为单向应力状态或主应力的主方向已知的复杂应力状态时，只需沿主方向粘贴电阻应变片，测出应变值 ε。代入广义胡克定律即可求出其主应力。但一般主方向是未知的，这就需要测出测点的 3 个方向的应变量，然后建立 3 个方程来解。在实际测试中，可将 3 个应变片互相夹一特殊角，组合在同一基片上。这种多轴电阻应变片就称为应变花。3 个应变片之间互夹 45°所组成的为直角应变花，如图 7.7 所示。互夹 60°所组成的为等角应变花，如图 7.8 所示。

图 7.7　直角应变花　　　　　　　　图 7.8　等角应变花

对于直角应变花，得到

$$\left.\begin{array}{l}\varepsilon_{0°}=\dfrac{\varepsilon_x+\varepsilon_y}{2}+\dfrac{\varepsilon_x-\varepsilon_y}{2}\cos0°-\dfrac{\gamma_{xy}}{2}\sin0° \\[2mm] \varepsilon_{45°}=\dfrac{\varepsilon_x+\varepsilon_y}{2}+\dfrac{\varepsilon_x-\varepsilon_y}{2}\cos90°-\dfrac{\gamma_{xy}}{2}\sin90° \\[2mm] \varepsilon_{90°}=\dfrac{\varepsilon_x+\varepsilon_y}{2}+\dfrac{\varepsilon_x-\varepsilon_y}{2}\cos180°-\dfrac{\gamma_{xy}}{2}\sin180°\end{array}\right\}\quad(7.8)$$

于是，可以联立求解式（7.8）可得

$$\varepsilon_x=\varepsilon_{0°},\quad \varepsilon_y=\varepsilon_{90°}$$

当 $\alpha=-45°$ 时，$\gamma_{xy}=2\varepsilon_{45°}-(\varepsilon_{0°}-\varepsilon_{90°})$；

当 $\alpha=+45°$ 时，$\gamma_{xy}=2\varepsilon_{0°}-\varepsilon_{90°}-2\varepsilon_{45°}$。

对于等角应变花，有

$$\left.\begin{array}{l}\varepsilon_{0°}=\dfrac{\varepsilon_x+\varepsilon_y}{2}+\dfrac{\varepsilon_x-\varepsilon_y}{2}\cos0°-\dfrac{\gamma_{xy}}{2}\sin0° \\[2mm] \varepsilon_{60°}=\dfrac{\varepsilon_x+\varepsilon_y}{2}+\dfrac{\varepsilon_x-\varepsilon_y}{2}\cos120°-\dfrac{\gamma_{xy}}{2}\sin120° \\[2mm] \varepsilon_{120°}=\dfrac{\varepsilon_x+\varepsilon_y}{2}+\dfrac{\varepsilon_x-\varepsilon_y}{2}\cos240°-\dfrac{\gamma_{xy}}{2}\sin240°\end{array}\right\}\quad(7.9)$$

联立求解式（7.9）可得

$$\varepsilon_x=\varepsilon_{0°}$$
$$\varepsilon_y=\frac{-\varepsilon_{0°}+2\varepsilon_{60°}+2\varepsilon_{120°}}{3}$$
$$\gamma_{xy}=\frac{2}{\sqrt{3}}(\varepsilon_{120°}-\varepsilon_{60°})$$

求得 ε_x、ε_y、γ_{xy} 以后，就可以根据下式求得主应变大小和方向：

$$\left.\begin{array}{l}\dfrac{\varepsilon_1}{\varepsilon_2}=\dfrac{\varepsilon_x+\varepsilon_y}{2}\pm\sqrt{\left(\dfrac{\varepsilon_x-\varepsilon_y}{2}\right)^2+\left(\dfrac{\gamma_{xy}}{2}\right)^2} \\[3mm] \tan2\alpha=-\dfrac{\gamma_{xy}}{\varepsilon_x-\varepsilon_y}\end{array}\right\}\quad(7.10)$$

求得了主应变之后，就可根据广义胡克定律求得主应力：

$$\sigma_1=\frac{E}{1-\mu^2}(\varepsilon_1+\mu\varepsilon_2)\quad(7.11)$$

式中：E、μ 分别为构件材料的弹性模量和泊松比。

按上述过程可得出如下的计算公式：

（1）直角应变花，主应力大小为

$$\frac{\sigma_1}{\sigma_2}=\frac{E}{2(1+\mu)}\left[\frac{1+\mu}{1-\mu}(\varepsilon_{0°}+\varepsilon_{90°})\pm\sqrt{2}\sqrt{(\varepsilon_{0°}-\varepsilon_{+45°})^2+(\varepsilon_{+45°}-\varepsilon_{90°})^2}\right]\quad(7.12)$$

σ_1 与 0°即轴线的夹角为

$$\alpha = \frac{1}{2}\arctan\frac{2\varepsilon_{+45°}-\varepsilon_{0°}-\varepsilon_{90°}}{\varepsilon_{0°}-\varepsilon_{90°}} \tag{7.13}$$

（2）等角应变花，主应力大小为

$$\frac{\sigma_1}{\sigma_2}=\frac{E}{2(1+\mu)}\left[\frac{1+\mu}{1-\mu}\cdot\frac{\varepsilon_{0°}+\varepsilon_{90°}+\varepsilon_{120°}}{3}\pm\frac{\sqrt{2}}{3}\sqrt{(\varepsilon_{0°}-\varepsilon_{60°})^2+(\varepsilon_{60°}-\varepsilon_{120°})^2+(\varepsilon_{120°}-\varepsilon_{0°})^2}\right]$$

$$\tag{7.14}$$

σ_1 与 0°即轴线的夹角为

$$\alpha = \frac{1}{2}\arctan\frac{\sqrt{3}(\varepsilon_{60°}-\varepsilon_{120°})}{2\varepsilon_{0°}-\varepsilon_{60°}-\varepsilon_{120°}} \tag{7.15}$$

应用上述公式时要注意以下几点：

（1）0°的方向就是 x 轴方向。

（2）角度从 x 轴方向算起，逆时针为正，顺时针为负。

（3）应力与应变的符号规定：拉应力为正，压应力为负；剪应力绕截面内任一点的向量矩顺时针为正，逆时针为负；伸长线应变为正，缩短线应变为负。剪应变 γ_{xy} 以使直角增大为正，减小为负。

2. 主方向已知

电阻应变片的应变测量只能沿应变片轴线方向的线应变。能测得 x 方向、y 方向和 45°方向的 3 个线应变 ε_x、ε_y、$\varepsilon_{45°}$。为了计算主应力还要利用平面应力状态下的胡克定律和主应力计算公式，即

$$\sigma_x=\frac{E}{1-\mu^2}(\varepsilon_x+\mu\varepsilon_y) \tag{7.16}$$

$$\sigma_y=\frac{E}{1-\mu^2}(\varepsilon_y+\mu\varepsilon_x) \tag{7.17}$$

$$\tau_{xy}=\frac{E}{1+\mu}\left[-\varepsilon_{45°}+\frac{1}{2}(\varepsilon_x+\varepsilon_y)\right] \tag{7.18}$$

$$\frac{\sigma_1}{\sigma_3}=\frac{\sigma_x+\sigma_y}{2}\pm\sqrt{\left(\frac{\sigma_x-\sigma_y}{2}\right)^2+\tau_{xy}^2} \tag{7.19}$$

$$\tan(-2\alpha)=\frac{2\tau_{xy}}{\sigma_x-\sigma_y} \tag{7.20}$$

计算中应注意应变片贴片的实际方向，灵活运用此公式。

7.3.3 截面内力的分离测量

在工程实践中应变片电测方法不仅广泛用于结构的应变、应力测量，而且也把它当作应变的敏感元件用于各种测力传感器中。有时测量某一种内力而舍去另一种

内力就需要采用内力分离的方法。

1. 弯矩的测量

在弯扭组合的构件上，只想测量构件所受弯矩的大小，利用应变片接桥方法的改变就可实现。

利用图 7.8 的应变片布置，选用 A 点沿轴线方向的应变片接入电桥的测量桥臂 A'、B'，选用 B 点沿轴线方向的应变片接入电桥的温度补偿臂 B'、C'，这样就组成仪器测量的外部半桥，如图 7.9 所示。

图 7.9　测量弯矩的接桥方式

此接桥方式，a 片受弯曲拉应力，b 片无弯曲应力作用，而测量结果与扭转内力无关。

这种接法可以满足温度补偿的要求，并可计算出弯矩的大小，然后将实测结果与理论计算相比较。

根据上述接桥方式得到：

$$\varepsilon_r = \varepsilon_A \tag{7.21}$$

式中：ε_r 为应变读数；ε_A 为 A 点的线应变。

因此求得最大弯曲应力为

$$\sigma_{max} = E\varepsilon_r \tag{7.22}$$

还可以由下式计算最大弯曲应力，即

$$\sigma_{max} = \frac{MD}{2I_z} = \frac{32MD}{\pi(D^4 - d^4)} \tag{7.23}$$

令式（7.22）和式（7.23）相等，便可求得弯矩为

$$M = \frac{E\pi(D^4 - d^4)}{32D}\varepsilon_r \tag{7.24}$$

2. 扭矩的测量

在弯扭组合的构件上，只想测量构件所受的扭矩，也可利用应变片的接桥方式来实现。以图 7.10 中 B 点的应变片为例，将 B 点沿轴线呈 45°的两个应变片接入相邻的两个桥臂，如图 7.10 所示。

图 7.10 扭矩的测量

由于 B 点处于弯曲的中性层，所以弯矩的作用对应变片没有影响。在扭转力矩作用下，a 片受到伸长变形接于桥臂 A'、B'，b 片受到压缩变形接于桥臂 B'、C'，由于接入相邻桥臂既使自身温度补偿，又使应变读数增加一倍。从而得到：

$$\varepsilon_1 = \frac{1}{2}\varepsilon_r = -\varepsilon_3 \tag{7.25}$$

代入胡克定律公式得

$$\sigma_1 = \frac{E}{2(1+\mu)}\varepsilon_r \tag{7.26}$$

扭转时主应力 σ_1 和切应力 τ 相等，故有

$$\sigma_1 = \tau = \frac{16TD}{2I_P} = \frac{16TD}{\pi(D^4 - d^4)} \tag{7.27}$$

由式（7.26）和式（7.27）可得扭矩 T 为

$$T = \frac{E\varepsilon_r}{2(1+\mu)}\frac{\pi(D^4 - d^4)}{16D} \tag{7.28}$$

除了以上接桥之外，利用 A 点的应变片也要组成同样功能的电桥来测量扭转力矩，在只有弯矩的作用下，A 点沿轴线呈 ±45°的方向上的伸长是相等的，即 a 片、b 片伸长量相等而连接于电桥的相邻臂，则相互抵消电桥输出为 0，其道理与温度补偿是一样的。所以如此接桥方式可消除弯矩的影响，而只测量出扭矩。另外，A 点和 B 点也可组成全桥来测量扭矩。

7.4 实 验 步 骤

（1）将传感器连接到 BZ2208 - A 测力部分的信号输入端，打开仪器，设置仪器的参数，测力仪的量程和灵敏度设为传感器量程、灵敏度。

（2）主应力测量：将两个应变花的公共导线分别接在仪器前任意两个通道的 A 端子上，其余各导线按顺序分别接至应变仪的 $1\sim6$ 通道的 B 端子上，并设置应变仪参数。

（3）实验取初始载荷 $F_0 = 0.2kN$（200N），$F_{max} = 1kN$（1000N），$\Delta F = 0.2kN$(200N)，以后每增加载荷 200N，记录应变读数 ε_i，共加载 5 级，然后卸载。再重复测量，共测 3 次。取数值较好的一组，记录到数据列表中。

（4）弯矩测量：将梁上 A 点沿轴线应变片的公共线接至应变仪 1 通道的 B 端子上，另一端接 1 通道的 A 端子上；梁上 A 点沿轴线应变片的公共线接至应变仪 1 通道的 B 端子上，另一端接 1 通道的 C 端子上。设置应变仪参数到半桥，未加载时平衡一次，然后转入测量状态。

（5）重复步骤（3）。

（6）扭矩测量：将梁上 B 点沿轴线呈 45°的两个应变片公共线接至应变仪 1 通道的 B 端子上，另一端分别接 1 通道的 A 端子和 C 端子上。设置应变仪参数为半桥；未加载时平衡测力通道和所选测应变通道电桥（应变部分按平衡键，测力部分按增键），然后转入测量状态。

（7）重复步骤（3）。

（8）实验完毕，卸载。实验台和仪器恢复原状。

第8章

连续梁实验

8.1 实 验 目 的

(1) 实测多跨连续静不定梁截面的应力分布。

(2) 研究连续梁的正应力的分布规律。

8.2 实 验 设 备

1. 连续梁实验装置

在图 8.1 所示位置,将拉压力传感器 9 安装在蜗杆升降机构 8 上拧紧,将侧支座 1 (两个)和中间支座 4 放于如图所示的位置,并关于加力中心对称放置,将连续梁 5 置于支座上,也对称放置,如图 8.2 所示。将加力杆接头 3 (两对)与加力杆 6 (两个)连接,分别用销子 2 悬挂在实验梁上,再用销子把加载下梁 11 固定于图 8.1 所示位置,调整加力杆的位置使两杆都成铅垂状态并关于加力中心对称。摇动手轮 7 使传感器升到适当位置,将压头 10 放在图 8.1 所示位置,压头的尖端顶住加载下梁中部的凹槽,适当摇动手轮使传感器端部与压头稍稍接触。检查加载机构是否关于加载中心对称,如不对称应反复调整。

图 8.1　连续梁实验装置

1—侧支座;2—销子;3—加力杆接头;4—中间支座;
5—连续梁;6—加力杆;7—手轮;8—蜗杆升降机构;
9—拉压力传感器;10—压头;11—加载下梁;12—台架主体

注意：实验过程中应保证加载杆始终处于铅垂状态，并且整个加载机构关于中心对称，否则将导致实验结果有误差，甚至错误。

2. 连续梁的贴片

A、C、E 3 点为支座反力作用点，B、D 为加载集中力作用点，如图 8.2 所示。

图 8.2　连续梁结构图

R_1、R_2 贴片分别在梁纵向 $1/2$ 处的上下平面中心线上，R_3、R_8 贴片在梁竖向平面的水平对称中心线上；R_6、R_{10} 贴片分别在梁纵向 $1/4$ 处的上下平面中心线上，如图 8.3 所示。

图 8.3　连续梁贴片图

8.3　实　验　步　骤

（1）将传感器连接到 BZ2208 - A 测力部分的信号输入端，将梁上应变片的公共线接至应变仪任一通道的 A 端子上，其他接至相应序号通道的 B 端子上，公共补偿片接在公共补偿端子上，检查并记录各测点的顺序。

（2）打开仪器，设置仪器的参数，测力仪的量程和灵敏度设为传感器量程、灵敏度。

（3）本实验取初始载荷 $F_0 = 0.5\text{kN}(500\text{N})$，$F_{\max} = 2.5\text{kN}(2500\text{N})$，$\Delta F = 0.5\text{kN}(500\text{N})$，以后每增加载荷 500N，记录应变读数 ε_i，共加载 5 级，然后卸载。

（4）实验完毕，卸载。实验台和仪器恢复原状。

实验报告一

拉伸实验

实验组别：_____级_____专业_____班_____组

实验者姓名：_____ 实验日期：_____年_____月_____日

一、实验目的

二、实验设备

仪器型号名称：_____；选用量程：_____kN；精度：_____kN。

量具名称：_____；精度：_____mm。

三、实验记录

1. 试件尺寸

材料名称	试件标距 l_0/mm	直径 d/mm									最小截面面积 A_0 /mm^2
		截面Ⅰ			截面Ⅱ			截面Ⅲ			
		(1)	(2)	平均	(1)	(2)	平均	(1)	(2)	平均	
低碳钢											
铸铁											

2. 载荷记录

材料名称	屈服荷载 F_s/kN	最大荷载 F_b/kN
低碳钢		
铸铁		

3. 测 δ，ψ 记录

材料名称	断后标距 l_1 /mm	断口（颈缩处）直径 d_1/mm						断口（颈缩处）最小截面面积 A_1/mm^2
		左段			右段			
		(1)	(2)	平均	(1)	(2)	平均	
低碳钢								

四、实验结果

1. 绘制低碳钢、铸铁拉伸图

低碳钢　　　　　　　　铸铁

2. 计算结果（注意单位）

（1）低碳钢。

$$\sigma_s = \frac{F_s}{A_0}$$

$$\sigma_b = \frac{F_b}{A_0}$$

$$\delta = \frac{l_1 - l_0}{l_0} \times 100\%$$

$$\psi = \frac{A_1 - A_0}{A_0} \times 100\%$$

（2）铸铁。

$$\sigma_b = \frac{F_b}{A_0}$$

五、回答下列问题

1. 为什么在调整度盘指针"零"点之前，需先将其活动平台升高 5～10mm？

2. 试比较低碳钢和铸铁拉伸时机械性能的异同。

3. 如材料相同，直径相同的长比例试件 $L_0 = 10d_0$ 和短比例试件 $L_0 = 5d_0$ 相比，其拉断后伸长率 δ 是否相同？

4. 实验时如何观察低碳钢的屈服点？测定 σ_s 时为何要对加载速度提出要求？

实验报告二

压缩实验

实验组别：_____级_____专业_____班_____组

实验者姓名：_____ 实验日期：_____年_____月_____日

一、实验目的

二、实验设备

仪器型号名称：_____；选用量程：_____kN；精度：_____kN。

量具名称：_____；精度：_____mm。

三、实验记录

材料名称	直径 d/mm									最小截面面积 A_0 /mm²	最大荷载 F_b/kN
	截面Ⅰ			截面Ⅱ			截面Ⅲ				
	(1)	(2)	平均	(1)	(2)	平均	(1)	(2)	平均		
铸铁											

四、实验结果

1. 绘制铸铁压缩图

2. 计算铸铁 σ_b

五、回答下列问题

1. 试分别比较低碳钢和铸铁在轴向压缩时的力学性能有何异同？

2. 对压缩试件的尺寸有什么要求？为什么？

3. 铸铁的压缩破坏形式说明了什么？

4. 为什么实验不能求得低碳钢的抗压强度？

5. 为什么铸铁试件在压缩时沿着与轴线大致呈 45°的斜截面破坏？

实验报告三

拉伸时材料弹性常数的测定实验

实验组别：_____级_____专业_____班_____组

实验者姓名：_____ 实验日期：_____年_____月_____日

一、实验目的

二、实验设备

仪器型号名称：_____；选用量程：_____kN；精度：_____kN。

量具名称：_____；精度：_____mm。

测变形仪器名称：_____；仪器编号：_____。

三、实验记录

1. 试件尺寸

材料名称	高 h/mm				宽 b/mm				截面面积 A_0/mm^2
	截面Ⅰ	截面Ⅱ	截面Ⅲ	平均	截面Ⅰ	截面Ⅱ	截面Ⅲ	平均	
低碳钢									

2. 应变仪测 E 数据记录

荷载 F_i/kN	项目	轴向伸长$/\mu\varepsilon_1$			应变增量 $\Delta\varepsilon=\varepsilon_i-\varepsilon_{i-1}$			取较好的一组 $\Delta\varepsilon$	$\Delta\sigma=\dfrac{\Delta F}{A_0}$	E_i/MPa	E/MPa
	测定次数	(1)	(2)	(3)	(1)	(2)	(3)			$E_i=\dfrac{\Delta\sigma}{\Delta\varepsilon}$	$\dfrac{1}{3}\displaystyle\sum_{i=1}^{3}E_i$
$F_0=$											
$F_1=$											
$F_2=$											
$F_3=$											

3. 应变仪测 μ 数据记录

荷载 F_i /kN	项目 测定次数	轴向应变/ε			横向应变/ε'			轴向应变增量 $\Delta\varepsilon=\varepsilon_i-\varepsilon_{i-1}$			横向应变增量 $\Delta\varepsilon'=\varepsilon_i'-\varepsilon_{i-1}'$			取较好一组 $\mu_i=\left\|\dfrac{\Delta\varepsilon'}{\Delta\varepsilon}\right\|$	$\mu=\dfrac{\sum\limits_{i=1}^{3}\mu_i}{3}$
		(1)	(2)	(3)	(1)	(2)	(3)	(1)	(2)	(3)	(1)	(2)	(3)		
$F_0=$															
$F_1=$															
$F_2=$															
$F_3=$															

四、实验结果

利用各向同性材料的 3 个弹性常数 E、G、μ 的关系：$G=\dfrac{E}{2(1+\mu)}$ 计算剪切弹性模量 G。

五、回答下列问题

1. 为什么要用等量增载法实验？

2. 试件的尺寸和形状对测定的 E 与 μ 有无影响？为什么？

3. 在实验中，采取什么措施可以消除偏心加载对 E 和 μ 的影响？

4. 为何要用逐级等量加载法进行实验？用逐级等量加载法求出的弹性模量与一次加载到最终值所求出的弹性模量是否相同？

5. 在拉伸破坏实验中，为什么取 3 个不同截面面积的最小值作为试件的横截面面积，而测量弹性模量时，则取 3 个不同截面面积的平均值？

实验报告四

扭转实验

实验组别：_____级_____专业_____班_____组

实验者姓名：_____ 实验日期：_____年_____月_____日

一、实验目的

二、实验设备

仪器型号名称：_____；选用量程：_____ N・m；精度：_____ N・m。

量具名称：_____；精度：_____ mm。

三、实验记录

1. 试件尺寸

材料名称	试件标距 l_0/mm	直径 d/mm									抗扭截面模量 W_p /mm³
		截面Ⅰ			截面Ⅱ			截面Ⅲ			
		(1)	(2)	平均	(1)	(2)	平均	(1)	(2)	平均	
低碳钢											
铸铁											

2. 载荷记录

材料名称	屈服扭矩 T_s/(N・m)	最大扭矩 T_b/(N・m)
低碳钢		
铸铁		

四、实验结果

1. 绘制扭转图

低碳钢　　　　　　　铸铁

2. 计算结果（注意单位）

（1）低碳钢。

$$\tau_s = \frac{3}{4} \frac{T_s}{W_p}$$

$$\tau_b = \frac{3}{4} \frac{T_b}{W_p}$$

（2）铸铁。

$$\tau_b = \frac{T_b}{W_p}$$

五、回答下列问题

1. 扭转时，低碳钢和铸铁的破坏断口有何不同？为什么？

2. 如图 4.23 所示，为什么当 $T = T_p$，周边上的剪应力 $\tau = \tau_s$，即 $T\text{-}\varphi$ 曲线到达 A 点后，曲线还继续上升？

3. 低碳钢拉伸和扭转的断裂方式是否一样？破坏原因是否一样？

4. 铸铁在压缩破坏实验和扭转实验中，断裂外缘与轴线夹角是否相同？破坏原因是否相同？

5. 理论上在计算低碳钢扭转的屈服点和抗扭强度时，为什么公式中有 3/4 这个系数？

实验报告五

等强度梁实验

实验组别：_____级_____专业_____班_____组

实验者姓名：_____ 实验日期：_____年_____月_____日

一、实验目的

二、实验设备

测变形仪器名称：_____；仪器编号：_____。

三、实验记录

载荷 F/N	应变仪读数 ε					
	ε_1	$\Delta\varepsilon_1$	ε_2	$\Delta\varepsilon_2$	ε_3	$\Delta\varepsilon_3$
20						
40						
60						
80						
100						
	—		—		—	
$\Delta\varepsilon_{未知}$			$\Delta\varepsilon_{未知}$			
灵敏度＝2.00× $\Delta\varepsilon_{未知}/\Delta\varepsilon_{已知}$						

四、回答下列问题

1. 分析各种桥路接线方式中温度补偿的实现方式

2. 采用串联或并联测量方法能否提高测量灵敏度？为什么？

3. 分析实验值和理论值不完全相同的原因

实验报告六

纯弯曲梁实验

实验组别：_____级_____专业_____班_____组

实验者姓名：_____ 实验日期：_____年_____月_____日

一、实验目的

二、实验设备

测变形仪器名称：_____；仪器编号：_____。

三、实验记录

1. 各截面应力值

截面位置	实测应力值/MPa	理论应力值/MPa	相对误差/%	应力分布图
1				
2				
3				
4				
5				

2. 测变形仪器读数

材料名称	弹性模量 E	梁横截面尺寸/mm		支座与作用点距离 a/mm	荷载/kN		应变仪读数/($\times 10^{-6}$)														
							1点			2点			3点			4点			5点		
		高 h	宽 b		F	ΔF	读数 ε	增量 $\Delta\varepsilon$	平均增量 $\Delta\varepsilon_\text{平}$	读数 ε	增量 $\Delta\varepsilon$	平均增量 $\Delta\varepsilon_\text{平}$	读数 ε	增量 $\Delta\varepsilon$	平均增量 $\Delta\varepsilon_\text{平}$	读数 ε	增量 $\Delta\varepsilon$	平均增量 $\Delta\varepsilon_\text{平}$	读数 ε	增量 $\Delta\varepsilon$	平均增量 $\Delta\varepsilon_\text{平}$
低碳钢																					

3. 绘出实验应力值和理论应力值的分布图

分别以横坐标轴表示各测点的应力 $\varepsilon_{i实}$ 和 $\varepsilon_{i理}$，以纵坐标轴表示各测点距梁中性层位置 y_i，选用合适的比例绘出应力分布图。

四、回答下列问题

1. 实验结果与理论计算值是否一致？若不一致，其主要影响因素是什么？

2. 弯曲正应力的大小是否会受材料弹性常数的影响？

3. 两个几何尺寸及加载情况完全相同的量，而材料不同，试问在同一位置测得的应变是否相同，应力是否相同？

4. 实验中采取了什么措施？证明载荷与弯曲正应力之间呈线性关系。

5. 中性层实测应变不为零的原因可能是什么？试用相邻测试点的应变值进行分析？

实验报告七

弯扭组合梁实验

实验组别：_____级_____专业_____班_____组

实验者姓名：_____ 实验日期：_____年_____月_____日

一、实验目的

二、实验设备

测变形仪器型号名称：_____；仪器编号：_____。

三、实验记录

弹性模量 $E=$_____，泊松比 $\mu=$_____。

构件尺寸外径 $D=$_____，内径 $d=$_____。

抗扭截面模量 W_p_____，抗弯截面模量 W_z_____。

加力臂长 $a=$_____ mm。

自由端端部到测点的距离 $l=$_____ mm。

荷载/N		应变仪读数/($\times 10^{-6}$)								
		45°电阻应变片			0°电阻应变片			−45°电阻应变片		
F	ΔF	ε_1	$\Delta\varepsilon_1$	$\Delta\varepsilon_{1平}$	ε_2	$\Delta\varepsilon_2$	$\Delta\varepsilon_{2平}$	ε_3	$\Delta\varepsilon_3$	$\Delta\varepsilon_{3平}$

四、实验计算

1. 计算 m 点的实测主应力和主方向

2. 计算 m 点的理论主应力和主方向

五、回答下列问题

1. 试求实测主应力、主方向与理论主应力、主方向的相对误差。引起误差的主要原因有哪些？

2. 主应力测量时，应变花是否可沿任意方向粘贴？

3. 若将测点选在圆筒的中性轴位置，则其主应力值将发生怎样的变化？这时可以贴什么样的应变片？能测出哪种应力？

实验报告八

连续梁实验

实验组别：_____级_____专业_____班_____组

实验者姓名：_____ 实验日期：_____年_____月_____日

一、实验目的

二、实验设备

测变形仪器名称：_____；仪器编号：_____。

三、实验记录

荷载/N		F	500	1000	1500	2000	2500
		ΔF	500		500		500		500	
各测点应变仪读数/($\times 10^{-6}$)	1	ε_1					
		$\Delta\varepsilon_1$					
		平均值					
	2	ε_2					
		$\Delta\varepsilon_2$					
		平均值					
	3	ε_3					
		$\Delta\varepsilon_3$					
		平均值					
	4	ε_4					
		$\Delta\varepsilon_4$					
		平均值					
	5	ε_5					
		$\Delta\varepsilon_5$					
		平均值					

四、回答下列问题

1. 试求实测连续梁的应力分布，实验值与理论值的相对误差。

2. 引起误差的主要原因有哪些？

参 考 文 献

［1］ 王天宏，吴善幸，丁勇. 材料力学实验指导书 ［M］. 北京：中国水利水电出版社，2016.

［2］ 同济大学航空航天与力学学院力学实验中心. 材料力学教学实验 ［M］. 3 版. 上海：同济大学出版社，2012.

［3］ 王彦生. 材料力学实验 ［M］. 2 版. 北京：中国建筑工业出版社，2022.

［4］ 邹广平. 材料力学实验基础 ［M］. 2 版. 哈尔滨：哈尔滨工程大学出版社，2018.

［5］ 佘斌. 材料力学实验简明教程 ［M］. 2 版. 南京：南京大学出版社，2016.

［6］ 王莹. 材料力学实验指导书 ［M］. 郑州：黄河水利出版社，2012.

［7］ 古滨. 材料力学实验指导与实验基本训练 ［M］. 2 版. 北京：北京理工大学出版社，2016.

［8］ GB/T 7314—2017 金属材料　室温压缩试验方法 ［S］

［9］ GB/T 228.1—2021 金属材料　拉伸试验　第 1 部分：室温试验方法 ［S］

［10］ GB/T 232—2010 金属材料　弯曲试验方法 ［S］

［11］ GB/T 10128—2007 金属材料　室温扭转试验方法 ［S］

［12］ 阚前华，张旭. 材料力学实验、仿真与理论 ［M］. 北京：科学出版社，2018.

［13］ 刘鸿文，吕荣坤. 材料力学实验 ［M］. 4 版. 北京：高等教育出版社，2017.

［14］ 申向东. 材料力学 ［M］. 2 版. 北京：中国水利水电出版社，2017.